U0237582

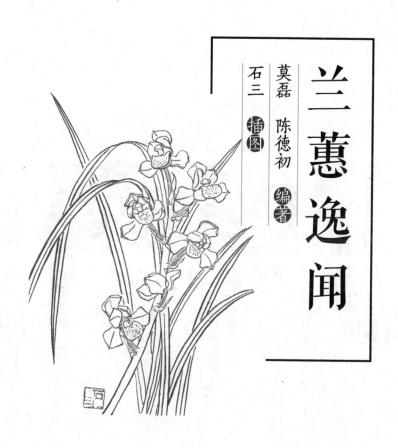

兰蕙逸闻

莫磊　陈德初　编著

石三　插图

中国林业出版社
China Forestry Publishing House

图书在版编目（CIP）数据

兰蕙逸闻 / 莫磊, 陈德初编著 ; 石三插图.
— 北京 : 中国林业出版社, 2018.12

ISBN 978-7-5038-9932-4

Ⅰ.①兰… Ⅱ.①莫… ②陈… ③石… Ⅲ.①兰科—
花卉—观赏园艺 Ⅳ.①S682.31

中国版本图书馆CIP数据核字(2018)第292459号

兰蕙逸闻

责任编辑： 何增明　邹　爱
出版发行： 中国林业出版社
　　　　　　（100009 北京市西城区刘海胡同7号）
电　　话： 010-83143571
印　　刷： 固安县京平诚乾印刷有限公司
版　　次： 2019年8月第1版
印　　次： 2019年8月第1次印刷
开　　本： 880mm×1230mm　1/32
印　　张： 9
字　　数： 400千字
定　　价： 49.00元

序

　　莫磊先生是一位对中国兰花文化有独特贡献的学者和文学艺术工作者。中国兰花文化源远流长，博大精深，从其载体上分，可有典籍文化、田野文化、非物质文化等。据我所知，对中国兰花文化的发掘、整理、诠释、出版能长期热情坚持研究工作，至目前为止，有所建树者中莫磊先生乃属第一人。其在中国兰文化非物质文化，特别是对传说、故事、典故等收集、整理、配图、出版方面也属第一人。一位已过花甲之年的人，如此兢兢业业，甘于寂寞，年复一年潜心地去做这些工作，实属难能可贵。莫先生这种钟情于兰，勤勉笔耕，为广大兰友奉献兰文化大餐的精神是可歌可敬的。

　　应出版社的要求，除了继续整理未出版过的和已出版过的兰花典籍之外，拟对他和陈德初先生所著，曾受到广大读者欢迎的兰花传说故事《兰蕙趣闻》，在内容上再作整理修改和补充，并添绘插图。为广大赏玩兰花的朋友奉上这册新版《兰蕙逸闻》。在该书行将出版之际，我赞赏莫先生的业绩，我想广大兰友也会同我一样，钦佩他挚着的精神，我寄望莫先生在中国兰花典籍方面再有新的开掘、新的成果，更望能创作绘制出有关兰花文化的精美图稿，乃为之序。

刘清涌

2017 年 9 月 29 日于广州

自序

　　陈德初先生出身于绍兴爱花世家，为人热情真诚，是我忘年交的故友。早在 20 世纪 60 年代我们因兰缘花缘而相互结识，我们曾一起用扦插、分株、嫁接等不同方法培育过月季、杜鹃和五针松等花卉苗木，也多次上大山去采觅过野生兰花和树桩。每当节假日时，常会有不少花友来他家小叙，交流自己的养花经历和心得，曾听陈先生讲述一个个娓娓动听的兰花故事，回忆自己从兰花中找到人生的乐趣，并在后来半生还要多的时间里一直围绕着兰花文化的研究和联系兰的文艺创作工作，实在源自诸多知心兰人花友的鞭策鼓励和陈先生的带动。

　　自 1978 年以来，紧随着改革开放的大好形势，纵观祖国的兰花事业，各地都有了飞速的发展，兰乡绍兴的兰人们更如枯木逢春，不少兰业方面有本事的行家老手纷纷重新操起了旧业，街上所见，耳中所闻，霎时间兰花几乎成了人们最喜欢谈论的话题。我们写兰花故事的初衷，也正是在这样的氛围中油然而生，当时我先试着投稿，把第一个春兰绿云的故事寄给时任《中国兰花》杂志社主编的刘清涌先生，不久就收到刘先生热情洋溢的回信，欢迎和鼓励我们"多多赐稿"，也就是因刘先生的这封信，鼓起了我们的创作热情，从此开始了我们以兰花为题材的文学创作，我们写的兰花故事，在《中国兰花》和《兰》两方全国性专业杂志的沃土里不断连载了近两个年头，后来又在全国一些兰花专业杂志上继续连载，由此我们也被全国广大的兰友所认识熟悉。

　　三年之后，又在刘清涌先生的关怀下，我们把写就的那些兰花故事编成集子，加绘插图，不久就以《兰蕙趣闻》为书名与广大读者见面，得到了广大兰友及众多读者的厚爱和肯定，他们说自己会爱上兰花，全是因为看了你们这本书的故事。更压根没想到这仅属田野文化之书还被传到港澳台地区及国外，受到国内外广大爱好者的喜欢，成为一本畅销书。数年之后，有位日本兰协的友人山本·猛先生带着我们的书专程从日本京都赶来寻找我们，介绍自己正在用日文翻译我们所写的那些兰花故事，我们听得十分高兴。大约也是三年之后，我们就收到十多本由山本先生寄来的日本《园林》杂志，里边有经他用日文翻译后连载的兰花故事和照片，装帧十分秀美，这也说明了我们和日本兰友协作的那些兰花故事也普遍得到日本兰人的喜欢。

时光匆匆，眨眼间该书初版离今已有二十多个年头，不经意间有人告诉我们，说该书非常畅销，受到兰友的普遍喜欢，常有人去问何处还能买到？现今在旧书店里已成绝版，价也卖到180元一册，同时国家出版社也找我们商量，他们拟再版此书。于是在出版社同志的指导下，我们对原书里的那些故事在内容、词句及标点符号等方面再作修改和补充，又增补上十几个由我与陈先生写的故事，并一一地补绘上插图。遗憾的是在对本书作计划再版工作的2016年春，陈先生儿子陈纲电话告诉我其父谢世的消息，愿陈先生在天有灵，当得知该书已再版发行的消息时，他定然会感到激动和欣慰的。为感谢广大兰友对兰花故事的厚爱，为表达对故友陈先生深深的怀念之情，本书在《兰蕙趣闻》原名基础上仅改一字，以《兰蕙逸闻》为名，把她奉献给爱兰人及广大读者朋友。

限于水平，再望喜爱本书的读者朋友们能多多指出书中的不足之处，并衷心感谢中国兰协的领导和著名学者刘清涌先生为本书续写新序。

莫磊偕陈纲敬启于浙江三衢

2018 年 6 月 18 日

目录

兰蕙逸闻

花仙子夜半来托梦
宋锦旋绊石得宋梅

——春兰传统名品'宋梅'的故事

古时候，在离浙江绍兴城南百十里地的会稽山区里，有个四五十户人家的小村庄，村里人都因姓宋，所以自古这村庄被称名宋家店。

相传在乾隆（1736—1795）年间，宋家店村里有个生意人叫宋锦旋。他把绍兴出产的茶叶、山货等运到杭州、苏州去销售，回来时再把那里的龙头细布等一类小商品贩运回绍兴。由于生意做得顺利，十年工夫下来，他竟从一个小本经营的坐商逐渐扩大成为做大宗生意的行商，成了当地闻名的一家富户。

眼前，宋锦旋家虽已是富户，但他牢记着自己从小出身寒苦，所以对那些生活困难的同里人，总是分外同情，不时拿出些钱和粮食接济他们，自己却不肯沾染上吸烟喝酒等一些不好的习惯，仍然过着那种粗茶淡饭自得其乐的清苦日子，唯有养兰和爱兰却成了他一生中最大的嗜好，常常为了得到一盆兰花好品种而花去重金却毫不心疼。

宋锦旋的家本在山区，一出门远近便是高山重重，大山里漫山遍野生长有无数兰花。春天里兰花开放的时光，每当有经营余暇的日子时，他总会习惯地穿上一身粗布衣服，然后扛把锄头、背个竹编小筐，上山去采觅兰花。可是历经了十数年辛苦寻觅，却一直没能遇上过一株像样

宋梅

的上品兰花，为此他心里常感到几分苦涩，不过他总是在失望过后又会自然地生出新的希望来，心里一直盼望着会有那么一天，让他突然碰上"踏遍青山无觅处，得来全不费工夫"的喜悦机遇，他渴望着、努力着。

过了元宵节，大地逐渐显露出暖意，在潇潇春雨之后，满山的茶树也争相吐出新绿，竹笋也次第钻出了土面。夜晚，宋锦旋独自躺在床上又想起了兰花，他自言自语地说："要找兰花处处有，可想寻株好的却怎会这么难？难道我真成了水中捞月亮的猴子？"想着、想着，他接连打了几个呵欠，脑子也迷迷糊糊起来……忽然，他遇到一位头发花白、身穿斜襟镶边衣服、双手套着玉镯子、年约六十挂零的老婆婆，她领着个十五六岁的小姑娘来到宋锦旋的面前，很有礼貌地向他作了个揖，然后对他说："这女孩是我的邻居，没爹没娘，生活也无依无靠，我晓得先生同情别人困苦，乐善好施，所以才把孩子带来投靠先生家当个奴婢，只求给孩子一个温饱，没有别的奢望。"说毕话，老婆婆脸上露出渴求的目光等待着宋锦旋的回答。

宋锦旋细细地把这小女孩上下打量一番后觉得她虽衣衫有些褴褛，但却是眉清目秀，一副端端正正的圆脸蛋，实在不失俊美之气，不禁为小女孩的不幸遭遇感慨几分。于是他立刻点头答应下来，并且说："婆婆说话过奖了，我自己本也出身于寒苦之家'穷帮穷、邻帮邻'，这是我们家乡人的老话！就让她做我的义女吧。以后她的日常温饱直至以后的婚嫁，一概由我包到底，请婆婆放心就是。"

老婆婆留下小姑娘，再三向宋锦旋点头作揖，说不尽的千恩万谢。宋锦旋也彬彬有礼地把老婆婆送到门口恭手告别……

瞬间，轰隆隆几声春雷将床上的宋锦旋惊醒过来，他定了定神，方知刚才所发生的一切竟是一个梦。他听着那飒飒的春雨声，心里却想着刚才所做的那个梦，一时竟难以入眠。

几天之后，一个风和日暖的午后，宋锦旋又上山去寻觅兰花，他知道兰花多生在阳坡，一路找去见到的兰花虽多，可尽是些花苞尖瘦如钉、苞衣薄而彩色淡、箨幅细狭而苞尖不舒的行花。不合要求的东西，他当然不会动手，只好继续翻过一座又一座的山去细细寻找。大山里，春风

宋锦旋慢慢爬起来……忽然他眼前一亮，发现身旁石边长着一小丛兰花。

拂面，鸟雀们婉转地鸣叫着，更增添了几分清幽的盎然春趣，正是在宋锦旋觅兰的兴致犹浓之时，他抬头一看不知不觉中天边已是落日西沉，眼看一天又将过去，仍是无功而返，浑身的力气竟一下子消失殆尽。他只得拖着两条疲惫的腿，带着几分失意的心绪缓缓地走下山来。眨眼间一不小心，宋锦旋的一只脚被山路上一块凸出泥面的石头绊了一下，整个身子向前趴倒在地，幸好这里山势较为平缓，没有摔伤筋骨。他坐在地上望望那脚下西沉的夕阳。正在他站起身来的那一刻，忽然见到身旁不远处的荆棘丛中长着一小丛兰草，正在微风中微微抖动着，有几片叶子已被折裂，乍一看很不起眼，但令他觉得奇怪的是这种长满荆棘的地方土瘦泥薄，照例不该长兰，他带着几分疑窦走近细看，见兰叶在夕照下浓绿宽阔、油光闪亮，片片弯弧、似柔带刚，显得很有力度。再细看，居然还有个胖墩墩形似花生米的银红色花苞，这形象与他平常在山上所见到瘦长如毛笔头的兰花苞形确实是不一样的，他的精神突然抖擞起来，心里想：自己一天来毕竟是一无所获，而今遇到了一个异样花苞，暂不管它是好或是不好，今天自己与其空着手，不如带它走！

于是他一卷袖子，往掌心里吐口唾沫，握紧山锄柄即刻动起手来，先刨除兰花周边的荆棘，小心翼翼地挖起整丛兰花，再把它装进竹筐里，然后背起竹筐一溜烟快步走下山来，到家后他把兰花种在一个事先准备好的泥盆子里，与其他兰花一起进行莳养。

日子很快过去了十多天，这兰花很快服了盆，它在春情春意的催发下很快抽长了花莛，过不几天之后终于放花了。瞧这高高的花莛，肩平梗白，三瓣嫩绿、紧圆，头带尖峰，外三瓣背中间各有道细红线，沿瓣缘是活像用笔描出的一圈白线；蚕蛾捧、刘海舌，和那幅面宽厚起凹，端部钝圆的叶形浑然一体，相映成趣，像体态优雅的少女婀娜多姿。宋锦旋知道这花确属梅瓣极品，如获至宝，喜出望外。不仅早上看，中午看，白天看，而且晚上在灯下还要看，仍觉得看不够似的，心里比吃蜜糖还要甜上几分。他看着、看着……蓦然间想起了半个月前的那天雨夜自己所做的那个梦，细细回忆起情节来，总觉得有几分蹊跷……噢！他终于恍然大悟过来，这兰花的叶形、花形如此楚楚动人，不就是梦中所见那位小姑娘形象的化身吗？那么这位慈祥的老婆婆是谁呢？当然是送我兰花的花仙了。此后，宋锦旋精心地培育着这盆兰花，让它不断地茁壮成长，繁衍生息，并以自己的姓氏命名这兰花为"宋梅"。

两百多年过去了，江浙一带养兰人和采兰人陆陆续续地寻觅到众多的春兰梅瓣新种，但它们与'宋梅'相比，总显得有几分逊色之处，'宋梅'始终是梅瓣春兰大家庭中形象非常完美的佼佼者，是梅瓣春兰的典型代表。从古至今，绍兴的、杭州的养兰人都把春兰宋（梅）、十（圆）、龙（字）、汪（字）四个品种作为自己养兰的当家品种，并以谐音嬉称它们为"送入洞房"，寓意是如果自己一旦拥有了它们，则如新婚燕尔那样心中甜蜜，其乐融融。那个花仙送兰的故事也一直被一代代的养兰人和采兰人所传颂着。

直到今天，绍兴城里还居住着宋锦旋嫡亲的后裔——艺兰家宋鸿翔先生，他家里仍种着百十来盆老祖宗传下来的春兰名品，有'老十圆''解佩梅''杨氏素荷'等许多古老的品种，其中就有那白梗、绿萼没有出过洋的正宗'宋梅'。那年，正值全国兰展在绍兴府山公园举办，他送展的宋梅无疑被评得金奖，消息传来，举家欢乐，当时适逢家中喜添孙女，老宋便即兴为小孙女取名"宋梅"。从而使这个古老的故事里，又添上了一笔融和着浓浓兰情与亲情的新意。

（本文素材由陈德初提供）

云游僧以兰结友情
张圣林惊喜得名品

——春兰传统名品'十圆'的故事

《兰蕙同心录》的作者许霁楼前辈，曾为春兰'十圆'先题了这样一首诗："月样团栾花样娇，金钱争买暗魂销；如何鱼目珠同混，铜雀春深锁二乔"。接着再题第二首诗："质如翠集，影似镜圆，春风二月斗芳妍，供向明窗净几，一笑嫣然。"概括诗歌意思，不外说'十圆'有两个品种，一个称'老十圆'，一个则称'集圆'，它们的花品相似，干高肩平，三瓣着根结圆，整体形象圆得如一轮明月，诗歌又把春兰'十圆'和'集圆'比喻为三国时代乔公的女儿，大乔和小乔姐妹俩的美丽形象，言人犹花，喻它们在兰中具有绝色之美，不禁使人见了它们的容颜为之倾倒，所以才会有那么多人不惜金钱去争相拥有。我们的这个故事不涉及后人的争论，只叙说这个来自民间传说的故事，其内容也并非如某些高明人所谓的全系作者虚构而成。

相传在清朝道光年后期（约1846—1850），大运河仍然是南北交通的枢纽，它的苏杭段河道，两岸田畴连天，水面宽阔，千帆竞流。但到横穿嘉兴段时，因有"端平"和"北鲤"两座较低矮的石桥，所以不论来的或去的船只，都得先拉下风帆、放倒桅杆，才能从桥下通过。这正是二桥岸边的那个石亭子为什么唤作"落帆亭"的原因所在。

在"落帆亭"的后边有一座称名"修塘寺"的佛寺，每到清晨和夜

十
圓

晚，远近水上的人们都可听到咣—咣—咣……悠远而深沉的钟声。一天傍晚，有只从远处驶来的大木船突然停泊在"落帆亭"旁的河岸边，忽儿船舱里出来一位须发斑白的云游和尚，他抬头注视一下黄色围墙上的"修塘古刹"四个大字，便径自走进寺来，当遇见寺内的住持僧，赶紧双手合十，口念"阿弥陀佛"，又从身上斜背着的那只黄色朝山袋里摸出证明僧人身份的戒牒（又称度牒），让住持僧验阅，然后要求在寺内"挂单"暂住，可以不与寺内僧人一起参加佛事。但按照规矩，云游的和尚在各寺只能暂时停留，因此数日后这位云游和尚就悄然离开"修塘寺"，谁也不知道他去了什么地方。

住持僧从度牒叙说的文字里所知，这位云游僧法号叫德明，系来自温州乐清雁荡山合掌峰的天然洞天观音洞。他曾听知情者说，该洞内建有楼房殿宇十层，从洞口拾级而上到大殿，需登三百七十七级石阶，洞内供奉着观世音菩萨及十八罗汉塑像，还有"洗心""漱玉"和"一缕"三泓清泉，真称得上是名副其实的佛国洞天。这处佛地原称名为"灵峰洞"，自唐朝以来一直游人如云。到了清朝道光后期，佛殿内外因年久失修，亟须及时加以修缮。为筹措资金之需，寺内所有僧众，各去四方游走募化筹集资金。

光阴如箭，一年便匆匆而过，第二年的早春二月，运河边的芦苇芽子才露出水面。一天，这位云游僧又如前那样突然来到修塘寺，他左手提着一扎兰花草，右手拎着一袋鼓鼓囊囊的泥土，进得寺内没有歇息，赶紧去寻找可以栽兰的盆盎之类，紧接着将手上那扎兰草分成数盆栽植好，就把它们置放在菜园角落边养植。数天之后，云游僧又离寺而去，而他带来的兰花却在菜园里舒适地生长起来。

约莫过了一个月左右，随着天气慢慢变暖，盆中兰花也竞相吐芳。和尚们见了都满心喜欢，住持僧吩咐他们把兰花置放到大雄宝殿左右两边的石级旁，以供来寺的香客们观赏。说来也怪，人与花好像是心有灵犀！就在这天傍晚，云游僧又奇迹般地赶到修塘寺来，随后的日子里他接待了来自四方的兰友，高谈阔论那些有关兰花的轶事趣闻和品种鉴别等莳兰技艺，云游僧说话谐趣，见识宽广，说自己在乐清的寺庙周围栽有亲自所采的'大荆素'（即雁荡素）和寒兰等许多春兰蕙兰，他还说这"修塘寺"所展摆的花中花开得特别好的那盆，就是去年他在杭州灵隐寺

半路上竟巧遇这位云游僧，两人相遇，悲喜交集，彼此都有再世做人之感。

附近山上所觅得的，更使一些远近的兰友听得为之拜服，特别是那位住在南湖边的杨姓老人（此人已无法考证）更有相见恨晚的情感，他找了个嗜兰的地方官朋友，请他出面与住持僧打个招呼，好让云游僧多住些日子，这当然是地方官一句话的事情。但云游僧背负重任，必须游走四方去募化，所以时日隔不多久他又不知去向何方。

却说嘉兴地处浙北，是苏浙沪杭的要塞之地，处在杭嘉湖三角洲，历来是中国富饶的鱼米之乡，自古乃兵家舍命必争之地。时在那清朝咸丰末期（1860），太平天国义军与清军，双方曾在这里发生过激烈的拉锯战，历史上传称"三屠嘉兴"，当时老百姓逃的逃，死的死，整个嘉兴城里一片恐怖景象。杨姓老人一家，由于早早逃离躲避，才幸免劫难。

不久，战事平息，老人重返故里，可是许多亲朋却已在战火中丧生，运河边的修塘寺也成为废墟一片，只有这落帆亭仍孤单不语，风貌依然，它眺望着开阔的运河，涛声依旧。老人独自坐在落帆亭里，两眼默默地面对着滔滔的运河水，心里怀念着云游僧，黯然泪下。

也就在此后数个月的一天，杨姓老人到乡下去走访亲戚，半路上竟巧遇这位云游僧，两人相遇，悲喜交集，彼此都有再世做人之感。云游僧说："佛教认为打仗是一大'劫数'，实在是无法避免的灾难。今天你我能再相逢，却是缘分。"他又说："我系云游僧，无固定处所，亦无任何顾盼，唯有一事相托，请您去修塘寺菜园里救救兰花，它们是我这十年里从四方所搜集到的异品、神品啊！可能还有活着的，您若能让它们长留人间，实为莫大幸事、善事，阿弥陀佛！"

就在两人别后的第二天，杨姓老人就赶忙前往修塘寺遗址，在颓垣断壁间他细细分辨菜园方位，心想：兴许这些兰花真的还有幸运活着的。于是他就搬动石块，扒开瓦砾，整整花去近一天时间，终于见到一些兰花残草，可是它们都已经枯萎了。老人看了如割去自己心头肉般地直摇头，但手上仍没有停歇，他还是心有不甘，一再耐心地继续坚持寻找着……一直到太阳偏西时，哦！才找到一块根虽已干瘪但尚留有根肉及二三片绿草的残苗。老人心里是几分兴奋，几分惋惜。后经他六七载精心培育，已有大草近十余筒，秋后孕蕊四个。到了来年的春二月里，四花竞放，它梗高、肩平，如前后矗立的四个"十"字、花色嫩绿，形如圆月，分窠的蚕蛾软捧上各有一淡红点，小如意舌舒而不宕。老人真是喜欢不已，他见花思人，可已经过去了那么多年，自己再也无法知道云游僧今在何方？他面对此花，心里默默地呼唤着：朋友，我受您的重托，终于把一个伤残的孤儿教养成人，圆了您曾花十年心血凝聚而成的那个"梦"！它花梗高昂犹如听人说过的那雁荡第一大洞内的十层楼殿，对此，老人觉得这花从形和意两个方面思考，给它起个"十圆"的名字是最贴切不过的了。

　　在战后的数年中，大批的苏北人、绍兴人、余杭人等不断迁徙到嘉兴谋生、定居，使严重遭受战争创伤的嘉兴很快又恢复了生机，在众多的搬迁者中，自然会有爱兰、养兰的人，也自然会引来专门从事兰花为业者，其中富阳的兰客张圣林更为活跃，只要是谁家有好花，他都必到，嘉兴更是他最熟悉不过的地方，南湖边的杨老汉家，他当然熟悉。那天他来到南湖边，正遇杨家的春兰'十圆'放花正香，立刻被这秀美的花品引诱得暗自魂销，表示愿出好价钱收购此花。杨姓老人把云游僧与'十圆'的故事原原本本地给张圣林讲了一遍，反使张圣林心里更有了迫切要得到的欲望，杨老汉说："我已是耄耋之年，除自己必须留下一点玩赏外，其余你都可拿去。兰情兰谊无价嘛！只盼望你去认真养好，能使这大难中幸存的品种从此能平安地长留人间。"

　　张圣林感动地接连点头，可是他获得此花以后先到杭州，以重金把此花卖几筒给当时的兰家高骏甫栽培，后来的几年里又把此花带到余姚、绍兴、宁波等地方去贩卖，并假说这是自己在余姚山里所采得的新花，从而获得了可观的经济收益。历经百年之后，江浙一带流传着大同小异的两种开品稍不相同的春兰'十圆'之花：一叫'老十圆'，外三瓣及捧内稍有红筋；一叫'集圆'，除舌上有红点外，外三瓣及捧瓣为无红筋的全绿色，它们究竟是同种异变而成两品？还是本是异地的两品？这一争论打从清代一直留续于后世至今，却始终没人能解开其中之谜，也曾有资深的兰家泰斗说："'十圆'就是'老十圆'，那个所见的全绿花'集圆'乃是老花'春程梅'！"泰斗又说："历史上传错的事可多哩！《兰蕙同心录》清楚地写着张圣林是富阳人，他专事兰花买卖。有人却硬要说他是余姚人！你看这又怎么说呢？"

（本素材由陈德初、王忠提供）

三

高庙山龙宝采龙草
嘉庆帝挥笔赐兰名

——春兰传统名品'龙字'的故事

　　濒临东海的浙东大地上伸展着一列高耸入云的四明山脉，山上奇峰兀立，瀑布倾泻。天公造化出适宜奇葩异卉生长的条件，让它们在这山上竞芳斗艳，四处溢香。

　　话说这南北走向的四明山脉北段肖东一带有一座高庙山，山里有个高过千尺的乌龙峰，从远处遥望，它犹如一支无比巨大的擎天柱支撑在天地之间。峰底是个百十来丈方圆的大水潭，称名乌龙潭，潭中泻出的水从半空倾泻而下，它终年不会干涸，滋润着流经的沃野。相传在乌龙潭深处，蛰伏着一条已经修炼了千年的小乌龙，它能腾云驾雾，呼风唤雨。每遇大旱的时候，他常会从潭中升腾到高空，向大地倾洒三天三夜的甘霖甘澍，救护百姓于干旱、灾荒的苦难之中，因此小乌龙被这一带山民敬若神灵，由此这个故事也被广为传诵，时日已经久远。

　　话说在清朝嘉庆年间，高庙山脚下曾住着一对年轻的夫妇，丈夫叫黄龙宝，妻子叫王凤珠，小俩口十分恩爱，每天他们总是一起去山间劳作，一起背着竹篓到巉岩崖壁采些草药、挖些兰花，然后送到余姚街市上去卖钱，小日子虽不算富裕却也温饱有余。每年农历二月中旬，南方的天气该是春暖花开的时候，小俩口翻山越岭采草药不觉又来到乌龙峰

龍字

下，他们在乌龙潭边息歇，双手捧上几口潭水，咕嘟咕嘟地喝个痛快，这清凉凉的潭水使他们疲劳顿消，清幽的山谷里不时回荡着夫妻俩欢快的笑声。

可是让人揪心的事发生了，打那天从乌龙峰归家后的两个多月来，妻子一直感到身体不适，全身无力，有时还呕吐，想来是喝了乌龙潭水之故？就在这不知如何是好的当儿，龙宝忽然想起听人说过的话：乌龙峰峭壁上长的灵芝是小乌龙的涎水浇灌而成的仙药。当年许仙在端午节被白娘娘现身惊魂昏死在床上，不就是由白娘娘去昆仑山盗了灵芝让其服用后才得救的吗？想到此，心里焦急的龙宝随即便背起背篓，快步直往乌龙峰。

却说这乌龙峰，山势高峻、岩壁如削、藤萝蔓生、雾气弥漫，巉岩缝中时有水珠滴落，淅沥淅沥地作响，奇草异卉吸收着小黑龙的精华，顽强地生根于岩缝。龙宝攀缘着树枝，如猴子那样在半空中搜寻着……就在离自己不远处，他见到一棵长在悬崖间的老松树，它的根部有一朵形体又大又完整的灵芝，反射出紫色的光，就在龙宝伸手扭摘着灵芝的时候，突然有一股浓浓的兰香直沁进他的鼻子，顿时觉得神清几分。他睁大双眼上下左右搜寻着，啊！就在生长灵芝的不远处有丛兰花长在那里，那绿色的带状细叶不时地随风飘拂。龙宝暗自高兴地想着，这风水宝地上所长的灵芝是仙药，那所长的兰花当然也定是宝草。但由于兰根与松根互相蟠结，一时让这大力汉子有劲难使，他挖挖这里，掏掏那里，老半天才把兰株从松根旁挖起。龙宝采得仙药，又意外得到宝草后，即刻小心翼翼地下得乌龙峰来，一溜烟地赶路回家去。

正当龙宝一跨进家门，迎面遇丈母娘来看望女儿，他用柴刀把灵芝切开成片后，又摘些兰花放进瓦罐，然后让丈母娘煎好灵芝兰花汤给妻子喝，揪个空才细看篓里的兰花，瞧这丛兰花有十几株草，叶子基部瘦硬细长，渐向上慢慢变宽，到了顶端又收细变尖，草质刚中兼柔。高高的五支花梗上开着五朵同一姿色的翠绿花朵，每朵三个萼片形状紧边，活像三颗银杏果呈等腰三角形串合而成，二捧状若观世音菩萨披风上的帽兜，感觉深邃灵动，圆大的舌上齐崭崭的三个小红点排列成一个品字。

花形之大、神韵之俏、香味之雅、株形之俊，让龙宝看得心里乐开了花。他暗自思忖，果真是乌龙峰的宝草啊！接着便把这丛兰草扯成两块，用事先准备的山上的颗粒黑泥分别种在两个盆里，浇过了水就把它们放在屋后菜地边莳养。不多时当他再回屋里，只见妻子喝了灵芝兰花汤后脸露笑容，两颊重新泛起了桃花。丈母娘走进房来对女婿说："傻小子，凤珠本没有什么大病，她是有喜了！"春天的山村夜晚，阵阵蛙声响起，更显得万籁俱寂，烛光透出窗外，映现出一片树影，高庙山脚下的小屋里洋溢着龙宝一家人的欢声笑语。

自从妻子喝了灵芝兰花汤以后，她发觉自己肚子里的小孩发育奇速，几乎是日长夜大，六个月的身孕比人家十个月的还大。一天早晨，太阳初升，凤珠肚中的孩子顺利临盆。这是个女娃，肤色透出紫黑光，刚生下来就会吮奶，竟是睁着两只乌黑的大眼睛从娘肚子里出来的，丈母娘说这孩子的确有点特别，生在乌龙峰下，喝的乌龙潭水，准保带点龙气，就给她取名为"龙姑"吧。

回头却说这采自乌龙峰的兰花，几年来已经分了好多盆，仍是年年绽花，消息先后传出，余姚的兰花爱好者和几位有身份的艺兰大家都先后赶来高庙山脚下观赏本地新花照人的光彩，有人说："这花的二捧如袋兜，形凸而向上翘起，多像龙的两只犄角！"有人说："这花的舌形更似龙嘴巴伸出的舌头！"他们被这花的容颜和气韵所深深地倾倒。有位大兰家说："此花外三瓣能一反梅瓣的团孪之态，瓣瓣紧边，娇柔秀巧的'梅花'形中寓几分'荷花'的阳刚壮丽之气。"有些引种的人还说："这花出在我们余姚本地，她是兰中的绝色娇姝，可称得上是余姚之第一美色！"于是从此时开始，余姚便有人以"姚一色"称名这春兰新花。

俗话说"流光逝水，人生蹉跎。"正当如花似玉、聪慧过人的龙姑娘长到十五六岁的那年春天，恰逢春兰"姚一色"含笑再放之时，忧患真的降临到了黄龙宝家，妻子王凤珠得了重病，已是一月有多的时日卧床不起，遍求姚城名医诊治，用完了家里所有的积蓄。虽然病情稍有好转，却已是债台高筑。面对眼前无情的现实，父女俩心中焦急万分，忽然一阵轻风从菜地吹进屋来，满室顿时飘满兰香，这兰香使女儿心中为之一动，她向父亲提出把'姚一色'卖掉，将所得之款给娘治病的请求，龙宝听了犹感女儿爱娘的一片清纯之心，当然点头同意割爱。

第二天早晨，父女俩挑了两盆带花的'姚一色'，携到当时余姚城南的兰花集市兰墅桥去出卖。集市上，他们遇到一个穿着长衫马褂，风度稳重的长者，看他一声不吭地先蹲下身来细看起兰花'姚一色'，从那神情可见此人颇像个行家里手，差不多过去了半个时辰，他才和气地向龙宝作了自我介绍，"我叫王一川，是余姚人，在京城皇府当差，不日将启程回京，知家乡兰花特别香美，今愿以100两银子为酬金买下此两盆兰花，把它们敬献给皇上，望你们能够割爱。"银子一百两啊！龙宝听了，一时惊呆得说不出话来。还是身边的女儿机灵，她着急地拉几下父亲的衣角，暗示他快快同意，龙宝这才连说了几个"好"，便颤悠地接过了银子，和女儿匆匆赶路回家。

说起王一川此人，在余姚地方上几乎无人不晓，他原本出身于余姚的寒苦之家，从小苦读诗文和诸子百家，聪慧厚道。少年时，他在家乡也采兰花卖过钱，后来曾几次赴京赶考，却屡遭落第，之后终于在某一年得到殿试的机会，更幸蒙皇上亲自御批试卷，竟红笔一勾得以高中，并被皇上赏识重用。难言的命运，道不尽的苦涩，使他永远刻骨铭心，下决心要当个好官。后来他虽身居要职，却总是关心着家乡父老，十分孝顺双亲，每年必定安排一次回家乡省亲，还常常出银捐钱在家乡做些修桥铺路办学塾的善事。

今天，王一川出重银买下兰花，请人用竹子编了只精致的篓筐，然后把两盆春兰'姚一色'放稳在篓筐里，篓筐外围着红色绸带，还挂上彩球。就在元宵节将至的时光，他便启程返京。到了京城的第一件事，就是吩咐公公把兰花放置到皇上的休闲宫里去。当天，王一川拜揖嘉庆皇帝，却见皇上满脸的抑郁不乐，他忙去问了公公，才知皇后难产已昏迷两天两夜，御医医技乏术如热锅上乱转的蚂蚁，他立刻想起老家民间用三朵素心兰花汤能治难产的土验方，眼下糟糕的是无素心花，只得用彩心花加倍为六朵作替代品，他一面叫人把'姚一色'搬往皇后内室，让床上的皇后能不断闻香，一面教太医取来煎煮好的兰花汤，立即给皇后服上。兰

花毕竟是秉天地灵气而生长之物，瞬间内室便流溢着兰花馨香，这香雾直钻进皇后鼻孔，慢慢开启了她那闭塞的六腑大门，兰汤入得胃中，有力冲激着淤滞的五脏脉络。大约过了半个时辰就见皇后脸色红润起来，她接连几个呵欠，竟睁开了双眼，腹中胎气在不断往下涌动，眨眼间便向外传出来阵阵皇子呱呱堕地声。

皇子顺利降生，皇上分外高兴。夜晚，皇帝休闲宫里灯火通明，阵阵的兰花馨香更增添了几分喜气，在乐声中宫娥采女们叠着一式的兰花指翩翩起舞。皇帝一面观赏她们的舞姿，一面侧耳倾听着王一川谈些有关兰花的诗词歌赋，时而又说些家乡兰花的民俗风情，他向皇上介绍：眼前这兰花是出在家乡浙江余姚高庙山的乌龙峰，是一位叫黄龙宝的年轻人在乌龙峰岩壁采灵芝时所觅得，是很为珍稀的兰花新种，识兰者对它都是朝思暮想，望眼欲穿。继而王一川又叙说采兰者的妻子王凤珠生了个似天仙的女儿叫龙姑，现已是二八之年，长得勤劳聪慧，娇美若兰，特别熟习兰花栽培。王一川不多的话，让嘉庆帝直听得雅兴顿起，他当即令公公送来文房四宝，就在一张四尺生宣上提笔挥毫起一笔溜落的草书"龙"字，接着又在龙字的左侧题款："龙峰觅国香，龙宫有龙兰，嘉庆御笔。"并口谕王一川带上诏书重返故乡，速诏龙姑娘到京入宫作内侍，专事花卉栽培管理之职。

龙姑娘奉诏要去京城！这在家乡人看来是件非常荣耀的大事。在她启程那天，家乡的父老乡亲们带着礼物前来相送。只见王一川领一行人马护卫着轿中的龙姑娘，他们沿着崎岖的山路翻山越岭，直朝京城进发。一路上曾在一处形如石盆的山泉边捧上几捧水来解渴，又在一座山坡上捧起乡亲们所赠送的家乡土产麻糍（即年糕）让大家分享，累了坐在凉亭小憩，一阵山风迎面吹来，龙姑娘略感凉意，赶紧加穿起衣裳。后来人们为纪念龙姑娘应诏，把她曾经喝过水的那口山泉称作"石面盆"，把大家吃过麻糍的那个山岭叫做"麻糍岭"，又把当时龙姑娘在山上添加过衣服的那个路亭取名为"着衣亭"，这些地方至今仍一一犹存。

从此龙姑娘一直在京城的皇宫里生活和工作，使江南的兰花能在北地开放，更由于龙姑娘的聪慧和勤奋，竟从一名女内侍被皇上封为恭妃，据说后来又封为皇后和皇太后。余姚山下的春兰"姚一色"也由于嘉庆皇帝为它题写了"龙"字而使其身价顿然倍增。此后这春兰'姚一色'就被正式更名为'龙字',并以特有的秀美姿色被国人称作"国兰四璧"中的一璧,还被日本的爱兰人称为"四大天王"中的一王。

（本故事素材由余姚、诸建平提供）

四

郑同梅解囊助学子
大富贵两地展风采

——春兰传统名品'大富贵'的故事

　　这是解放以前在上海豫园兰展会里一位参观者所留下的一首赞颂'大富贵'的即兴诗：

　　　　八分长兮四分阔，收根放角气度足；

　　　　他日我若纳此花，一生再别无求索。

　　相传在清朝宣统元年（1909），浙北水乡湖州南郊的双林古镇上住着一家郑姓富户，主人郑同梅先生是个读书人，可是他虽有满腹经纶却十分看淡官场和仕途，靠着祖上传下的田地房产，足可让他全家人过一辈子优裕富足的生活。他不识骨牌、不嗜烟酒，唯读书和莳养兰蕙却是心之所爱，人品之高尚，广传杭嘉湖一带。

　　就在郑家东首，住着一户三口人的王姓之家，平时夫妇俩常来郑家做些挑水、舂米等粗活，郑先生除给工钱外还常对他们的孩子在学业上加以辅导，使得孩子的学业长进极快。可是天有不测风云，人有旦夕祸福！正当孩子把书读到十三四岁那年，其父因染上一场瘟疫而突然去世，接着其母因丧夫的悲痛和劳累过度，竟也撒下儿子撒手人寰。孩子年少就失去了双亲的依靠成了孤儿！郑同梅及妻子十分同情王姓孩子的遭遇，他们把这孩子收为义子，除了管吃管住，还安排他到书房与自己的孩子

大富貴

一起终朝伴读，郑先生则以诲人不倦的态度加以督促和引导，两个孩子在生活中亲如兄弟，学业上相互帮助，也都有明显长进，但相比之下王姓孩子在学业上比他自己的孩子提高得更快更显得有较高的悟性，真应了"好笋出在园篱外"这句民谚！郑先生在惊异之余总是顺势而为，不仅没有丝毫的保守，反而给这王姓孩子更多的关怀和勉励。使王姓孩子在十五岁那年便中了秀才，郑同梅还是不断鼓励这王姓孩子逐级进取，接着又勤读三年以后，终于在那霜叶初红的日子里让王姓孩子带上盘缠，直上京城去赶考。

打从王姓孩子离家的那天晚上开始，郑同梅心里几乎就没有一天不惦念的，有时他梦见孩子挑灯夜读，身子虽冷得瑟瑟发抖却仍能全神贯注地学习；有时又梦见孩子在考场上满脸带着自信之情，正在奋笔疾书。光阴荏苒，眨眼间三月清明节都快到了，江南水乡已是春光和煦的艳阳天，一天夜里，明月高挂，万籁无声。入睡中的郑同梅突然梦见王姓孩子去世已经好几年的父亲来到郑家，他感激涕零地对郑同梅说："孩子承蒙先生的养育教诲，终于成人。这次他赴京赶考成功有望，若言光耀门楣，当非先生莫属，请万勿推辞。"接着又说："我知先生爱兰如宝，今特来禀报，请注意近日有个跛足的卖兰人，他的兰担里有春兰极品，望先生细细选拣。"

第二天早晨，风和日丽，郑先生应邀去湖州城里的兰友家赏兰，当他刚走出巷子口，就听到有人在叫卖兰花。他注目前视，一眼就见不远处有位脸上长满胡渣子的中年人挑着兰担子一瘸一拐地正向郑先生走来，此情此景让郑同梅倏然忆起昨天夜晚自己所做的那个梦来，不禁感到有几分巧合，几分神奇。郑同梅叫住跛足中年人，便仔细地向他询问起有关兰花的事来。中年人相告，自己是西苕溪人，家有大小数口，眼前又到了青黄不接的时候，上山去挖些兰花卖钱以养家糊口。他注意到自己眼前的这位文人，一会儿在筐内翻动兰草，一会儿又细细地瞧个没完，心里明白是遇上了在行人了，于是更为热情地介绍说"这些兰花都是刚从山里采得，很新鲜，株株都可以栽活，三五个铜板就可买上一丛。"郑同梅付了六块六角银洋，买下了整担兰花，心想图个"六六大顺"的吉

郑先生则以诲人不倦的态度加以督促和引导，两个孩子在生活中亲如兄弟，学业上相互帮助，也都有明显长进。

利之言！接着就带跛脚中年人把兰花送到双林家里，然后招待他吃了午饭，再送他欢欢喜喜地离去。

俗语说"春天孩儿脸，一天变三变"，此后数天里全是春雨潇潇，天公竟如此作美，让郑同梅能步门不出，可以专心致志地在一大堆兰草中寻宝。就在第二天头上，他发现了一丛叶长只六七寸许，宽约四分左右，形弯垂带微扭，肉质比其他草要厚糯，草色格外深绿有光，叶端钝而内卷，边缘光滑得几乎没有锯齿，它们的脚壳如人穿袜子，短而紧裹着的兰草。点查数量有六七苗左右，更为惊异的是还有两个短圆粗壮、壳色紫红、大小如指、苞衣上紫褐色的壳筋粗凸疏朗，自底部直连壳尖，还有如烟雾的晕和晶亮点点的沙，壳彩鲜丽。郑先生凭自己的经验，确感此草绝非一般，当即洗净兰根上的土，放在通风的番轩下晾干，又把它们分成两块，用本地老鹰山上取回的粒状细土分别栽在两个盆子里，把它们放置在自己称作"意园"的兰室里莳养。

虽说这两盆新花根粗苗壮，又生长在双林温湿得宜的水乡环境里，毕竟因生活环境被改变而需一定的服盆时日，由此延误了这春兰花期，直到清明过去近半个月，两盆花才双双绽放，从紫壳中开出了嫩绿细肉的花，不断释出阵阵浓香，此花外三瓣厚阔，收根放角，端部边缘内凹起兜，平视形如三块朝笏，立视形如瓢子拼成的三角形，短圆捧形如两瓣圆蛤的壳，圆大而开阔的舌上有一个形似元宝的鲜红色斑，其中的另一盆还是一莛双花！郑同梅兴奋不已，对着花轻轻自语："老夫养花那么多年，少说也见过百余种不同花品的兰蕙！但这样的好草好花却是首次相遇。"

接连数天里，来自四方看花的朋友络绎不绝，有人说："此花有团团圆圆的大气度。"也有人说："此花形大色鲜，有大富大贵之相。"……正当大家七嘴八舌评赏这花的时候，外面传来咚咚锵锵的锣鼓声，只见一队人马直朝郑家而来，原来是赴京赶考的王姓孩子高中了进士，今天是官府送来喜报的日子。喜讯随着众人之口而不断被添油加醋，连爱兰的县太爷都赶来了，他对郑同梅说："得奇花为富，中进士为贵。"到底给此花取个啥名字好？郑先生也莫衷一时，后来儿子提议还是按照县太爷的说法吧，于是这春兰就有了'大富贵'的花名，并传续至今。

　　岁月悠悠，自从这春兰'大富贵'下山被郑同梅发现至今，人们已陆续觅得多个荷瓣型的新品，但不论是从花形花质、还是姿态神韵去评赏，'大富贵'仍不失荷瓣之冠的誉称。回忆起20世纪60年代时，杭州花圃的国香园里迎来一位当年受过毛主席亲自接见，闻名于世的美国大记者安娜·路易斯·斯特朗，她也懂兰花！当她一看到'大富贵'正展露着绝色花容、芳香四溢时，不禁兴奋地叫了起来，"哦，哦！别有的花！别有的花！"日本古兰家小原荣次郎在他所编撰的《兰华谱》里描述大富贵的形象是"浓绿特别有光彩"，会"使人联想到出水之燕子，且具有柔和之曲线美。"是的，自从'大富贵'下山以来，它曾让多少人梦寐以求！心里平添上那种"除却巫山不是云"的眼界。直至今天，'大富贵'仍是居家观赏或是送亲赠友的首选之花。

（本故事素材由陈德初提供）

五

|||||||||||||||||||||

穷妻子一气丢宝草
痴丈夫会友结金兰

——春兰传统名品'西神梅'的故事

清朝末（1911）期，江浙一带不少文人雅士，爱兰养兰早成风气，每年春秋时节，奉化、余姚、绍兴、富阳等地的不少山农都要去山上采觅兰蕙，然后运到上海、南京、苏州、无锡等地去卖自己所采的下山新花。

这是刚过完了元宵节后的第二天，无锡城中临河的一间屋里走出一位身穿粗布长衫，脸上流露出几分憔悴神色的文人，他拿个空米袋，耷拉着头，步履蹒跚地向街间一爿米店走去。可是在半路上他看见有群长衫朋友围成一簇，不知是在为什么而这般热闹？他带着几分好奇心想去看个究竟，一听说是奉化人来卖兰，霎时便来了劲，不由自主地挤进人群，蹲下身子就伸手不断地挑拣起兰花来。时间过去了近一个时辰，人群里有买了兰花后离去的，也有看了兰花随后就离开的，但这位文人却仍在细挑细看着，似乎并没有倦意，也没有想走的样子。

突然，他发现了一丛叶边锯齿明显而整齐、叶色墨绿油润、形细质厚、极富神采的兰草，他把这丛兰草握在手上，面对着花苞，嘴里哼哼唧唧地叨念着自己杜撰的顺口溜："凸肚子，尖尖头，紫绿裤，疏条子……"不禁脸上流露出几分喜悦之色。他问过价格，竟没有讨价还价，

西神梅

只是一个劲地伸手往衣袋里摸钱，可是老半天却不见他把钱掏出来。说实在话，这种地摊上的兰花价格并不贵，但对这位无行无业而家中妻儿数口，仅靠祖上留下的几亩出租田收入糊口的文人来说，平时度日已很不易，哪里还能有钱去买兰花？今早他的妻子眼看家里又没米下锅了，只好理出些旧衣物以便宜的价格卖给街坊邻居，将所得的微银交给丈夫去米店买米。可是她压根儿没有想到丈夫会蹲在兰花摊边，老半天连自己的肚子都会不知饿。时近中午，文人终于从衣袋里掏出铜板，摊在手掌上一遍一遍数了又数，然后哗啦啦地将手中所有铜板交给了兰农，二话没说拿起兰花草面带微笑，步履轻快地朝家里走去。

时到正午，临河两岸人家先后都冒起炊烟，而等着丈夫买米回来下锅的妻子肚子早饿得咕咕作响，实在等得焦急万分。

忽然她看见丈夫一手拿个空米袋，一手撮着一丛兰花一摇一摆远远地走来，十分恼火。等丈夫一脚跨进家门，二话没说就夺下他手中的兰花，倏地向窗外丢去。文人赶紧撒腿跑出屋外，瞪大眼搜遍远近河面，却不见兰花踪影，顿时心疼得他抱头痛哭不止。

要说巧实在巧，这兰花草被妻子抛出窗外的刹那间，正好驶过来一条装木柴的大船，那兰花草正巧落到柴船上就这样不声不响地被带走了。不上几天工夫，这件事就在左邻右舍中传开了，一些知情人编上几句顺口溜，恶作剧地教几个调皮的孩子跟随在文人后面唱着："稀奇稀奇真稀奇，宁买兰花勿买米；饿着肚皮得到宝，妻子一怒丢河里。"

话说船上兰花随木柴被卖到无锡城西一家刻字店里，店主无意中在木柴堆上发现有丛兰花，便在墙角找个开裂的紫砂锅如种葱那样随手一种便完了事。

大约过了半个月时光，兰花开了。一天，有位无锡艺兰名家荣文卿先生路过刻字店，顿时闻到一股兰香，就进店来看看，呵，这兰花三萼收根结圆，捧瓣圆似两把缩小的蒲扇，硕大而有浅兜，大刘海舌前部一个红色圆点如孩童脑门前点的胭脂，高高的花莛上似飐起绿玉，透出特有的灵秀之气，整花的姿色俏丽动人，气质和韵味宛如一首抒情诗。但荣文卿同时看到兰株有几片叶子已开始黄枯，另有几片叶子也竟已涸失

荣先生抽个空，特邀这位文人来家畅叙，不料一提及兰花就见他满脸就一扫贫寒气色，立即谈得眉飞色舞。

水，看上去它已像是一个危重的病人，不禁使荣先生心中感到分外惋惜。为了挽救这株垂危的兰花，荣先生按店主出价，以二十两黄金决意将它买下。

前人曾说"兰花本是无情物，人赋情感似有魂。"此话一点不假，经过荣文卿的精心栽培，这伤残的兰草恢复了它所具有的特殊生命力，在被荣先生购得后的第二年即民国元年（1912）春天复了花，当它在无锡兰花雅集里一露芳颜时，即刻轰动全市兰友，大家赞美这株新花是神形兼备的好花，花莛高高，鹤立鸡群，俏似淑女倚身栏杆、睁开双眸眺望着心中的归人那样，荣文卿则以无锡城的古名冠此花为"西神梅"。

兰花雅集中，荣文卿听兰友说起去年曾有位文人，把妻子让他买米的钱买了兰花，自己甘愿挨饿，后因痛失此兰而哀号不止的一段往事，心中无限感慨。他抽个空特意邀请这位文人来家畅叙，寒暄一番之后，话题便立刻进入正题，不料一提及兰花就见他满脸一扫贫寒气色，立即眉飞色舞地和荣文卿谈了有关兰花的品种鉴别和培护方面的许多经验及体会，更使人深感这文人对兰的至爱，不禁使荣先生对这位新交的"同心人"感慨万千敬佩三分，此后互相间便常有了来往。

待到来年春天'西神梅'再次复花时，荣文卿欲与这位文人义结同心，特邀他来家小聚，席间细听文人叙说往日关于此兰与他的一段情缘，心头更增多了几分兰缘和人缘难以诠释的神妙感。临别时，荣先生又见文人在'西神梅'前凝思良久，迟迟不忍离去。待到'西神梅'谢了花，荣先生即行翻盆，分扯三桩赠给这位文人兰友。就此两位兰友义结金兰之好的一段往事，一直被后人们传为佳话。

（本文素材由陈德初提供）

六

陈大娘杭城遇佳婿
邵芝岩名山求绿云

——春兰传统珍品'绿云'的故事

在众多春兰品种中，有一个独一无二的荷瓣型奇花品种，它能开并蒂花也会开多瓣多舌花，被古今的爱兰人誉为"荷瓣之冠"，也有人称它为"荷瓣奇花"。百多年以来，在兰界里一直盛传有关'绿云'那些娓娓动听的故事。有位叫山本·猛的日本兰友从我们《兰蕙趣闻》的书里读到这个故事，他与朋友特地从日本京都来到杭州，要亲自去杭州"留下"（地名），上五云山亲自看一看这块曾经生长过'绿云'的自然生态环境。回去以后还把这些故事翻译成日文发表在《园林》杂志上。

话说那是大清同治末年（1874）的杭州城里，春意料峭，街上稀疏的行人中走着个约莫五十开外的老妇人，她头戴包帽，帽檐里插着支双朵并蒂开的兰花。走过她旁边的人不经意间闻到一股清雅的兰香，却不知香从何处而来，一个个伸长脖子四顾寻找，而这大娘无心浏览繁华的街景，却顾自步履匆匆地朝前走着，看她的脸上流露出几分惴惴不安的紧张神情。当她来到官巷口时，突然遇到一位二十几岁、风度翩翩的青年男子拦住去路求问："老妈妈，您头上的兰花是从哪里摘来的？"大娘毫不在意地随便回答："乡下头！"这青年一听这话觉得有点不对头，心想，大概是她有心事才表现出如此不耐烦的情绪，瞬间，大娘稍作停步

綠雲

后又起步欲走。"哎哎……请别走呀！"年轻人着急地叫了起来，伸开手再次拦住大娘，诚恳地对她说："我愿意出百两银子买您种在家的这兰花。"大娘一听这年轻人所说，不禁心中惊讶不已，她不知道这青年所说是骗人的大话？还是出自内心的真话？便停下脚步认真地作了回答："我姓陈，家住在余杭县留下镇大清里，这花是小女和她的父亲在山上砍柴时采得。今天我来杭州是因为她的父亲去世，想把棺木安放到五云山上自家的一块坟基地里去，不料这坟基地已被别人强行霸占去了。为此，想到衙门去打官司。"大娘说着说着，泪流满面抽泣不止。这年轻人听了，赶忙安慰几句："这么点小事儿，您老就别急！"如果您肯把家里这兰花卖给我，我会想办法管保您老官司胜诉，万一官司没有打赢，那就由我出钱让您到五云山上另选块好的地方去安葬大伯。大娘听了这年轻人说话的口气和彬彬有礼的态度，估摸着不像是个骗子，心里便多了几分可信，突然她的眼睛里闪烁出一丝喜悦，随即又由惊奇转变成几分惊喜，脱口便说："如果你真能帮我打赢官司，我就把家里种的这盆兰花全部送给你。"

　　要问这年轻人是谁？他就是杭州官巷口开毛笔庄的富商邵芝岩。这个邵芝岩自小跟着父亲拨弄兰花，耳濡目染，熏陶已久，凡杭城的那些大兰家都与邵家常有往来，自然造就了他见多识广，邵家父子更是被人称为杭城大小两兰痴。眼前虽然他还年轻，却已是个财大气粗可以玩得起兰花的老板了，就说衙门里的那些要人，他也多有交往。所以由他出面去打官司，取胜当然不成问题。

　　时光匆匆，一晃几个月就过去了，陈家那坟基地官司也早就打赢。却一直没见这位陈大娘把兰花送到笔庄里来，邵芝岩想：是老人忘记了她自己先前的许诺呢？还是有其他原因而拖延了时日呢？邵芝岩爱兰心切，他决定抽个空儿按大娘告诉的地址，带着礼物径自去余杭留下镇拜望陈大娘。当他进了陈家后才知是那天大娘上公堂，回家路上受了风寒，正卧病在床。看着她紧闭的双眼，一脸的憔悴，致使邵芝岩到了嘴边的话怎么也说不出口。陈大娘心里也知邵芝岩找上门来的意思，顿时脸露歉意，她一个劲地连声道谢，并吩咐女儿绿云陪同客人到后院去找那盆

第二天，这位年轻人竟会请了杭城的名医，还亲自陪往留下镇给大娘看病。

兰花。虽说，这兰花本是绿云去山上打柴时所采得本应认识，但因花早开过，没有了花，她一时也很难分辨出自己所觅得的兰花究竟是哪盆？好在邵芝岩有一双察叶辨花的眼睛，凭经验他细细地观察叶子，发现了其中有盆叶形特殊的短阔光洁、叶色浓绿，每片叶的端部起凹如瓢，且每叶除中缝外两旁还有多条凹楞，稍有几片老叶子像螺旋形上卷，他感觉此草有与众不同的特色，心河里立刻漾起"奇花有奇叶"那句流传在养兰人口中的老花谚。正欲开口提出要想取走，不料少女先开了口："这样吧，等我姆妈病愈后，让她亲自把所说的兰花送往先生府上！"邵芝岩听了这姑娘脆溜溜的话语，自己反觉得不好意思再出口坚持要把这兰花取走，只好红着脸点点头，答应姑娘所说的话。不一会儿，他就告别了母女俩，虽然空着手，却还是高高兴兴地回到杭城去。

出乎意料的事就在第二天随即发生了，让母女俩压根儿都没想到的是这位年轻人竟会请了杭城的名医，还亲自陪往留下镇去给大娘看病。此后又由他接二连三不辞辛苦地买了药送去留下……经他如此一趟一趟亲自请医、送药，来去往返了一个多月，大娘的病终于慢慢痊愈直至完全恢复了健康。

俗语说："有情人终成眷属"经过这么长一段时间的交往，这个关心体贴别人，办事精明能干的小后生，给陈大娘全家人的印象甭说有多好。而邵芝岩本人也在和这母女俩的接触中对绿云了解日增，他已深深地爱上了绿云。于是他把这事详细禀告了父亲，爱兰如命的父亲一听儿子不但有了称心的姑娘，而且还可得到人所未有的奇花新荷，真可说是心花怒放。数天之后父亲备了礼物正式托媒人去留下镇陈大娘家提亲。陈大娘听了当然是喜上眉梢，一个山村农家少女，竟会遇上城里有名的富家来主动求亲，自然是一口应承。

结婚喜庆之日，锣鼓喧天响，爆竹如雷鸣，余杭县留下镇里的人们像开了锅的水，热闹非凡，人们跟在花轿后面看嫁妆。除了一些杂用物品之外，最显眼的要算是缠着红绸子的一盆兰花了，人们的议论声、嬉笑声和鞭炮声相互融和成了一片。

可知从古至今，兰界传续着"千梅万水仙，一荷无处求"这句令兰人们无限感慨的话。解析意思？那是在说人们寻觅到梅瓣和水仙瓣兰花虽亦很难，但与寻求荷瓣兰花的难度相比较，得到的几率总要稍高一些，可是像'绿云'那样既是"荷"又是多瓣多舌的荷中奇花，那是难上加难，更是无处求了。

邵芝岩既得窈窕淑女，又获比金子还贵过几倍的奇花，一时成了杭州城里人们的美谈。婚后夫妻俩更是恩爱和美，邵家的笔庄的生意红火佳兰更是年年增多，年年开花。

为了留下这段美好的记忆，邵芝岩用妻子绿云的名字命名了这奇荷兰花，还特地托艺人将兰花'绿云'的形象做成浮雕，作为邵芝岩笔庄的徽标。几百年来，他的子孙们既一代代的承续着笔庄，也一直承续着绿云这个笔庄的商标，永不改变。

（本文素材由陈德初提供）

七

胡七十觅兰上四明
冯长生追宝奔绍兴

——春兰传统名品'翠盖荷'的故事

　　江南的上海、南京、苏州和无锡等地，历史上曾有过许多的养兰大家、世家，因此多少年来，江南这一带地方的兰花"热"一直都长盛不衰。养兰不仅反映了当时文人雅士们的清高志趣，同时也成了富商巨贾们附庸风雅的一种特殊形式。这种爱兰、养兰的社会时尚风靡四方，不少山民除了种田，还把采兰、卖兰当做一条致富的门道来走，他们在"三两黄金一筒草"这种靠兰花发财的香梦鼓励下，纷纷深入到人迹罕至的高山幽谷里去寻觅兰蕙。

　　相传在光绪辛丑（1901）年早春，绍兴城南漓渚一个集居着众多胡姓的贾山头小山村里，洋溢着过大年的节日气氛，山民们在茶余饭后，也自然要商量起各自采兰的打算，再过上几天，他们就要纷纷离家，投入那些远近大山的怀抱去开始寻找追逐新的发财梦。

　　在采兰大军里有位四十出头的瘦高个汉子，因他出生时父亲已是七十岁了，所以父母亲就给他取了个叫"七十"的大名。

　　经过几天的跋山涉水，七十终于来到了嵊县北边的一片山区，这里是四明山脉的南端，到处是崇山峻岭，著名的剡溪从这里潺潺流过。胡七十就在这儿落了脚，开始了他新一年的觅兰生涯。日子一晃就过去了

翠盖荷

六七天，虽然他每天都是早出晚归，细心地寻觅着大梦，却几乎都是一无所获，不过他毫不怠惰，信心依然，照样儿天天坚持上山寻觅兰花。夜晚，春雨飒飒，他躺在铺上听着那渐渐沥沥从屋檐滴落的雨声，心中沉思良久，总是一次次重温着"天下无难事，只怕有心人"这句古训来勉励自己。

第二天清晨，阳光初露，山雀啁啾，树木被春雨洗得分外苍翠。胡七十穿上箬壳草鞋，背把山锄，早早又上了山，他微微佝偻着脊梁尽往山间无路的那些地方寻找兰花。因昨夜刚下过雨，山上到处湿漉漉的，突然他脚底一滑，打个趔趄，"咕咚咕咚"接连地几个筋斗，双腿已在崖间凌了空，在性命攸关的时候他脑袋瓜仍清醒，赶忙用双手抓住身边一根缠在大树上的粗藤，才幸免身体掉落悬崖，而他那把背上扛着的锄头却已骨碌碌地飞到了山崖下。他定定神席地就坐一会儿，感觉自己身体各处并无什么伤痛，便站起身继续在山上寻觅起兰花来。看太阳该是时过晌午，在山间的七十感到口渴，便趴下身子用手代瓢在山泉边捧起水来就喝，就在他喝个痛快后站起身来的一刹那间，他在明镜般的泉水面上看见石崖上的兰草倒影，立刻抬头向上一望，只见崖畔上的矮竹丛边真的长着一小块深绿油亮的矮小兰草。他足足傻看了有一盅烟的工夫，边看边想：这草短矮得如此出奇，莫不是野兔、山麂啃食之后所留的残草？进而又转念一想：那些好的、高档的兰花品种，一般都不跟众兰群居，几乎都是这样稀稀拉拉单独长在一处的。想到这里，他撒腿便往山侧跑去，从斜坡渐渐向上。他细细察看这些兰草，叶形完整，每片叶端都是形似羹匙形的叶兜，兰苗间还有个壳色红紫蕊形钝圆的花苞，极似一粒外皮紫红的豌豆。他觉得十分新奇，不禁心中思忖起自己虽挖了快三十年的兰花，所见老种、新种都已不少，但像这么个样子的，还真是大姑娘上轿——头一回相遇。眼下手里已没有了锄头，只好找根柴棒从兰草四周一撬一撬地慢慢掘开，细心得如大姑娘绣花一般。他把兰草捧起来看了又看：这草叶面开阔，基部细收，叶姿弯垂中带点上翘，质地厚硬，尖端钝而紧边有凹，真是小巧玲珑，风韵独绝。此刻他怎么也抑制不住内心的喜悦，一个人竟

起身的一刹那间，他在明镜般的泉水面上看见石崖上的兰草倒影，抬头见崖上矮竹丛
边有块叶子油亮短矮兰草。

"哈哈哈"地笑出声来，大山似乎听到了他的笑声，也跟着"哈哈哈"地笑个不停。"哈哈哈哈！——哈哈哈哈……"这笑声在寂静的山谷里回荡着。

七十得了宝草，再也无心流连在山间，他满脸笑容，大步流星般下得山来，房东见了他老咧着嘴笑眯眯的样子，一猜便知道准是挖到"珍宝"了。为了助兴，房东特意捧出用山上野果乌饭酿制成的又香又醇的米酒各斟了满满一碗，要与胡七十对饮。这胡七十虽喜欢喝酒，可今儿个怎么也无心坐下来慢饮，他捧起酒碗二话没说便咕嘟咕嘟一口气下了肚，抹了几下嘴巴，就向房东道声谢，又赶忙换套衣服就连夜启程了，一路踏着月光匆匆往老家赶路……

到家后的第一件事就是把这块草掰下一半，上好盆，放在家里养植，又把带花蕊的另一半用苔藓裹住兰根后装到一个小竹篓里，第二天中午，他带着竹篓匆匆地赶往上海。

提起那些爱兰的上海大老板，他们一个个都是财大气粗、嗜兰如赌，辟有私人花园，还雇来花匠专管，每获一珍种，都视为得到光耀门楣一般的殊荣，所以只要能遇上好花，总是不惜金银、互相炫耀。就在胡七十到上海的第二天，他带去的矮叶春兰新种即被徐家汇的一家银楼老板冯长生用十块大洋购得，因冯的祖籍本是绍兴，靠着老乡这一层关系使他这近水楼台先得了月。冯留胡七十吃了饭，听他详谈了采觅这兰花的经过，又问清了七十家的住址，临别还嘱咐七十说："以后你凡觅得上品新花。就尽管送来，你出价多少，我就依你多少。"胡七十肚子里是酒足饭饱，衣袋里更是装着沉甸甸的银元，他满心喜欢地回到绍兴，至于全家人有多高兴？那也就甭说了。

却说冯长生买了这落山兰新种之后，日夜渴望着花苞能快快鼓大，能早露芳容。盼啊盼，直到农历二月中旬，这让人望眼欲穿的宝草终于放花了。看，它的外三瓣短圆、色净翠绿，罄口形的捧瓣下伸出一个上有马蹄形鲜红色斑的大圆舌并从同一个花莛里开了"并蒂莲"。来观花的兰友每天几乎是门庭若市，他们看了这色如翡翠、玲珑纤巧的"小荷花",动情地赞不绝口,有赞它是绝代佳人的,有誉它是盖世无双的……在这众多兰友的赞美声中,一个美丽的名字——翠盖荷,就自然地被冠到这新花上,它是从古至今人们所发现的所有春兰荷瓣品种中最为矮俏精致的一个。

话说冯长生拥有了别人所没有的新花品种后,好像自家的门槛要比别人家的高了一尺似的,心里真是春风得意。忽然间他想起自己向胡七十买花时,曾听胡说过尚有一半兰草留在家里。不由心头一阵不安,心想:要是那一半落到人家手里,那我的这个'翠盖荷'还有啥可言"盖"的?他心里咯噔一下,立刻冒出个念头来,我何不将那一半也买过来呢!主意一经打定,当然就要行动。他生怕夜长梦多,第二天,就带个随从从上海乘舟直往绍兴而去,其间走走停停历经了两天半时光,也确感自己身体实在劳累,便在绍兴的本家兄弟府上耽搁一宿。第二天上午,又携带礼物先拜望了当时在漓渚任里长(地方官)的老友,向他简述了自己的来意,老友表示明天要派公差陪同前往贾山头村找胡七十,并热情地留他们在漓渚歇了一夜。谁知这消息不知怎么一下被传了出去,那些传话者添油加醋地说成是:"有两个上海人已到了漓渚,他们正在打听胡七十的家。""是七十在上海卖假兰花给人家,现在人家找上门来了!"一些幸灾乐祸的人乘机又说些风凉话:"这下可有好戏看啰!"这些由"花蚂蚁"传来传去的消息,吓得七十和他的家人们不知该如何是好?还是妻子急中生智,她想起了绍兴人那句暗示逃走的俚语,赶快伸手推推丈夫说:"还不快快'三十六'哩!"心里慌张的七十,受到妻子的启发,立刻撒开两腿逃到了邻村,躲进了丈母娘家里,日夜忐忑不安。

到了第三天上午,里长派了两名公差陪同冯长生直向贾山头村而去。七十的妻子远远就瞧见有四个穿着十分气派的来人,其中二人穿的还是官府公服,她心里知道,这准是来抓丈夫胡七十的,不禁更多了几分胆战心惊。"客人"进了屋,她强颜欢笑为"客人"们沏茶,心里却如十五只水桶吊水——七上八下,只好故作镇定地试问:"先生们从哪里来？""阿拉特地从上海赶来找七十师傅，伊现在在哪里？"冯长生问。妻子听了这话心里更加惶恐起来：天呐，看来当真是横祸临头哉！这下他们准是来抓人了！她的脸色是青一阵、红一阵，全身还不时地打着哆嗦。

冯长生见他如此紧张和拘谨，知道自己的来意被她误会了，赶忙说："大嫂侬勿可着急，阿拉是来求七十师傅帮忙哴。"

"有啥西好帮？他老早——就——上山去了，不知道——啥时光才会——回来。"妻子的话结结巴巴，显然是仍有戒心。

冯长生语气和缓地再次解释："哦，一个多月前，我用两块银洋钿买了七十师傅的四筒矮草兰花，现在已开过花，它是翠绿色的荷型瓣花，非常的小巧可爱。因几个花友争着想要分栽，所以特地赶来此地，想把伊留在家里的那一半也买回去。"话刚说完，便从衣袋里摸出一把银元，"当啷、当啷……"一一地数来。他对七十妻说："这十一块洋钿先交给你，等七十师傅回来，你们再商量一下，如果同意卖的话，明天请他把那兰花送到里长家里去。"说完，四个人便离开了贾山头村。

"哦，原来是这样！"客人走了，七十嫂的心里才像一块大石头落了地，她出门去寻找儿子，要他赶去外婆家把爹叫回家来。

下午，胡七十随儿子一起回到家。妻子一见丈夫回来，不由自主地涕泪横流，她把刚才发生的事情经过一五一十地告诉了丈夫。"哦，原来是这样！"胡七十的脸上挂起了笑容，他心里尚留有几分余悸地说："真是人吓人，吓死人啊！"

胡七十不但安然无恙，而且又得了一笔新的钱财，一家人好不欢喜。当天晚上他便捧着自己所留的那一半矮叶兰草，赶紧送往滴渚的里长家去亲手交给冯长生。老友相见亲热异常，又是敬烟，又是喝茶。冯长生捧起植着'翠盖荷'的花盆，轻轻抚摸这矮阔壮壮的兰草，高兴得连声道谢。

胡七十自由自在地在兰海里遨游，好运不断，总是能尝到甜头，更是信心倍增，在此后的那些岁月里，他多有佳种获得。每去上海卖花，总要先到冯家走走，彼此间交往增多，老乡加兰友嘛，感情亲密度日深。一位住在绍兴乡下的花农和一位生活在大上海都市里的阔老板，谁会料想到他们之间竟是几苗不起眼的兰花草为他们架起了友谊的桥梁。人们赞美这小小的'翠盖荷'竟有如此大的魅力，可他们不一定知道，围绕着它的发现与出让，还有这么一段有趣的经历！

（本文素材由胡七十之子胡华元提供）

八

|||||||||||||||

胡七十再得宝中宝
诸涨富全力救环荷

——春兰传统名品'环球荷鼎'的故事

　　这是民国十六（1927）年，初夏的一天，在上海。

　　"滴铃铃"电话铃声在泰兴路张家花园的花工住处急促地响起，一位二十多岁的年轻花工诸涨富抓起听筒"喂，诸师傅吗？阿拉是俞正泰油漆店的伙计，老板要阿拉打电话吓侬，请侬立刻到伊屋里来一趟，有要紧事体同侬面商。"

　　诸涨富清楚记得，四年前，自己还在江湾花园里干花工时，有一天主人徐甫荪陪同一位六十多岁的花友来花园里赏兰，客人笑眯眯地称诸涨富为"小哥"。此人就是上海俞正泰油漆店的老板俞致祥，是当时上海的一位玩兰名人。

　　自此双方相认之后，俞老板便常来江湾花园赏花，并与诸涨富切磋兰技。几年之后，双方感情尤深。有一次俞致祥说起他曾亲眼看到过上海兰家郁孔昭以800块银元买下的那盆称作"荷鼎"的兰花，述说所开之花三瓣收根放角，且短圆紧边，花色嫩绿，刘海舌上红斑鲜丽，真是光彩照人的佳花，称得上是荷型兰族花中鼎鼎第一了。可惜的是此兰被几次易手，已经断了种。诸涨富插上句话："此花没有断种，先生所说的卖兰人跟我是同村邻里，名叫七十。他家里还有这个品种留着呢！"为

環球嵩鼎

人老实的诸涨富竟随口和盘托出内情，但他没有想到的是这么一说却会让俞老板三日两头地跑来江湾花园，终于有一天他向诸涨富开了口，自己愿不惜重金请求诸去采办那兰农留种在家的另一块"荷鼎"。

就在民国一十三年（1924）春天，征得主人徐甫荪同意，诸涨富陪同俞致祥专程赴绍兴找到那位胡姓邻居，看在是同村老乡的面子上，只用500块银元的价格成交了剩余的"荷鼎"兰花，总数有六七桩之多。当然这个交易过程是极其隐秘的，俞致祥作出保证，不论在什么时候都绝不吐露其实情，因为先前那位郁孔昭老板曾经是这个品种的买绝者。

俞致祥满怀喜悦，亲自把"荷鼎"从绍兴贾山头村带到上海，不漏风声地养在家中的花园里，其中底细连好友徐甫荪都不让知道。他的心里蕴藏着一种独自占有的满足感和骄傲感，沾沾自喜地认为天底下除了我有，还有谁能拥有此花？为了跟先前的"荷鼎"作个割裂，他便在此"荷鼎"前面再加上"环球"二字，其意即为此荷为全天下第一。光阴似箭，眨眼间这些都是三个年头前的事了！

却说那天诸涨富接到电话之后的当日下午，便如约来到俞府。看望俞老板，此时已是江南和暖的五月天气，却见俞致祥躺在床上还盖着厚厚的红绸棉被，一张铁青带黄灰色的脸，左右两面是高高隆起的颧骨，双目显得无神，诸涨富不禁暗自思忖：伢绍兴人把这种病相称作"黄沙盖脸"，人病到这步田地，十有八九是要"翘辫子"哉响。

俞老板请来客人，却无力像往昔那样热情接待，他伸手示意请诸涨富坐在床边的椅子上。紧接着家人端来的不是茶水，而是一盆兰花。俞致祥声音嘶哑地说着："小哥，请你救救这兰中之宝！"啊！这不就是三年前花了五百块银元由自己出面从家乡弄来的'环球荷鼎'吗？诸涨富一面回忆着，一面凑近兰盆细细瞧来：这叶形矮阔厚实的兰株，老草已经开始"缩头"（由叶尖向下黄褪），新芽却没有出土，有四桩兰草上部已叶色枯竭，叶凹里还长满白色的兰虱。诸涨富心里惋惜万分，他情不自禁地轻叹一声"哎唷！"俞致祥睁着凹陷的双眼恳求："小哥——无论如何——你要——给它——寻条活路！"啊，天下真有这样痴兰的人！在自己生命垂危的时刻，却还惦念着盆里兰花的命运。诸涨富的心被深

正当胡七十双手抓住一棵松树时，突然两只山鹰轮番朝他袭来，原来这松树上有个鹰巢，树一抖动，小鹰就哇哇地叫。

深地感动了，一个大小伙子竟情不自禁地流下热泪，他点点头，语气沉重地说："您就放心吧！"俞致祥听了这话，脸上霎时飘过一丝欣慰的云彩。在家人的陪送下，诸涨富捧起这盆奄奄一息的兰花，辞别了俞致祥，也正是这一次相见，成了他们这对忘年交间的永诀。至于这'环球荷鼎'后来的命运如何？待稍候再作交代！

先来述说此花被发现前后一段经过！

话说绍兴漓渚贾山头村兰农胡七十，自光绪辛丑年（1901）春天在余姚四明山上采来春兰'翠盖荷'卖得一大叠白花花的银洋钿以来，一直被村里人当做故事来传讲，从此胡七十本人心里对觅兰更是应了"呆子掘荸荠，吃了还想吃"这句绍兴老话。可是打从自己后脑勺的辫子被剪去的那时候起，他虽年年努力寻觅兰花，却始终再没遇上过像'翠盖荷'那样值钱的兰花，要想再得好花？难呐！

时光转悠到民国十一年（1922）的农历春分，这该是山上兰花盛开的时节。胡七十辗转来到会稽山跟四明山交界的上虞县北端的大石埠山里寻觅兰花。这一带虽然山峦重叠，然而海拔高度却大致只在六七百米之间，站在山巅面北遥望，依稀可见浩淼的曹娥江湾。接连几天里，胡七十肚子饿了就吃些带着的炒米粉和番薯干，再撮上几根萝卜条咸咸嘴，艰苦的生活更促使他心怀找到好花的强烈希冀。

一天午后，胡七十坐在山间一块大青石上巴嗒巴嗒吸旱烟，忽然听见连续的狗吠声由远及近而来，刹那间只见一头嘴边呲着两颗獠牙的野猪竖着钢针似的鬃毛，没命地从他的面前奔过，野猪受了伤，鲜血斑斑点点洒落在草丛间和石头上。眨眼之间一个手握火铳的青年山民赶上来问："阿叔可见到有只野猪逃过？""有，可能在前边那个山洞里，你只要顺血路寻找就行。"胡七十用手点点地上的血迹。"能跟我一起去吗？要是捉住了，两人对半分。"胡七十想，反正这几天里一直未能找到好兰花，不如跟他玩一玩也好解解闷。

两个人顺着血迹寻找到那个野猪躲藏的山洞口。可怎么抓呢？胡七十对那青年猎手说："你可听说过聪明的野兔，常挖有三个洞可躲藏逃命这句话？有进洞必有出洞，这野猪洞也是这样，我们先得找找其他出口处。"于是他们捡来一大堆柴草堵住洞口，胡七十赶忙用干柴生起了火，再把湿柴草不断撒在火上，这时山间即刻升起来一条黑乎乎的烟龙，滚滚浓烟直往山洞里灌。那青年守着洞口并不断向烟堆添加柴草，胡七十去周围察看另一些冒烟的洞口，果真在十几步不远处有个箩口大的山洞在冒烟，胡七十连忙搬来几块大石头，把这冒烟的洞口堵住，让烟只能从石缝中冒出。

滚滚浓烟一团接着一团直往山洞里流涌，大约过了两盅烟的工夫，那只受伤的野猪在洞里实在窒息难忍，突然蹿出洞来，吃力地跑了八九丈路后便一头栽倒在草丛中喘大气。啊，这么大的一个家伙，足有四五百斤重哩，说时迟那时快，胡七十让青年赶快对着野猪前夹心处再补上一枪，因为此处是野猪的心脏部位，只见野猪踢了几下蹄腿终于不再动弹。青年砍来藤蔓绞成绳索，牢牢将野猪的前后脚束缚住，胡七十砍来根毛竹作杠子，两人抬起野猪直往山下走去。

当天傍晚，小山村里顿时热闹起来，老老少少纷纷赶来看大野猪，主人割块野猪肉炒了，请胡七十在家里喝酒、自然还被留下住宿。酒足饭饱之后，大家正喝着山中自采的苦丁茶，主人突然问起："阿叔您一定打过猎？"胡七十老实说道，自己在年轻时玩过，但现在是来采兰花的。几个年轻人一听说是采兰花的，一个个都表示愿带他上山。保管能挖到好的，因为他们早就听人说过，山上叫做"老鹰岩"的地方有好兰花生长着，但由于那里是悬崖陡峭，人难上去，所以多年以来外地虽有不少采兰人来过，却没有一个敢爬上去的，可眼前的几位年轻人中就有位名叫阿牛的人曾经上去过，这阿牛就是猎人的兄弟。第二天，他就带胡七十涉过小溪，穿过山岙，沿着渐渐陡峭的山势走向纵深。约莫走了两个多时辰才来到老鹰岩。

老鹰岩上，云雾蔽日，林木黛绿，几块无比巨大的山岩高耸云头，岩壁里伸出苍松；瀑布从崖顶挂落，哗哗作响，几只山鹰展开双翅凌空翱翔，这里的环境既有光照又给人一种清幽、神秘的感觉。

胡七十环视四周，根据自己多年的觅兰经验，确感这一带是兰花生长的好地方。阿牛路熟，在山里上下自如，七十虽已人到中年，但攀登起山来却也身手不凡。可是惊心动魄的事终于发生了。正当胡七十两手抓住一棵松树时，突然两只山鹰轮番朝他袭来，它们用利爪抓他的手，用带钩的喙啄他的头，要不是他用手捂住脸，也许会被啄瞎一只眼睛。原来因胡七十抓着的那棵松树上有个鹰巢，松树一抖动，巢里的小山鹰受到惊吓，便哇哇地叫，它们的父母听到了必然要来拼命保护。待胡七十的手放开那松树，一切便立刻平静下来。不久两人终于来到了岩顶，胡七十想起了年轻时在庙会上看到过的那出叫《白蛇传》的家乡戏，笑着对阿牛说："今天我们真成了取仙草的小青青和白娘娘了。"

　　从岩顶上乍地看去，矮树底下生长着的兰花真不少，一簇簇、油亮亮的叶子间夹着放花正旺的兰花，任胡七十尽情地选择。不一会儿，有丛叶形短阔似'翠盖荷'却比'翠盖荷'叶子还要长得高些的兰草映入他的眼帘，近前去看，这宽厚细糯的叶质和深绿有光的叶色，让人一看就觉得美，略约数一数，竟有十余桩之多。哦，还有好几朵翠绿色的花正开在兰草间，它们有收根放角的外三瓣，端部紧边；两片恰似河蚌壳的圆形捧是那么规正；白净的大刘海舌端缀个蹄形红弧，真是谐趣横生，艳丽非常，几分形似翠盖，但又多有它自己的特色。确实是与众兰不同的荷瓣佳花。它们生长在既临风又潮润的山顶黑土里，显得格外的生机盎然。胡七十肚子里非常清楚，这是个先前未曾有过的兰中新荷，细糯的花瓣，活像个十七八岁的少女那丰润细腻的脸蛋。他强抑着内心的兴奋和满足跟阿牛说一声："回家吧！"阿牛听了便随胡七十慢慢从老鹰岩下来……待到两人走在大石埠山脚之时，广袤又崎岖的大地已沐浴在夕照中。

　　话说两人分手后，胡七十便一鼓作气背着兰篓直往漓渚进发，一路上都没有停歇，回到贾山头村后，照惯例先要将新觅的兰花分扎成两块，并将其中一块留植在家里莳养。按照自己晚间所想好的，第二天起来，他径自带上五桩新采兰草到上海去找老友冯长生。到了上海，他肩挎兰篓正在亚尔培路口等电车的当儿，忽然看见一辆黑色闪光的"奥斯汀"轿车戛然停在他的身旁，车中钻出个戴礼帽、穿隐花缎子长衫的大老板，开口就说要买胡七十的兰花。双方没说几句话，七十就坐上这锃亮的英国产"奥斯汀",随老板去其家。这位老板正是当时上海赫赫有名的爱兰大家郁孔昭。一到他家,郁孔昭手捧兰花细细地看了又看,薄硬而半透明的水银红壳上布满着白色细亮的沙晕,花梗约摸有三市寸长,全花的外三瓣及捧色嫩绿,紧边如勺,草形端部凹钝如勺,脚壳如袜子紧包,宽阔壮实,整花各部协调,相映成趣!便依七十所出800银元的价格留下整块新花,买绝品种。并将这花起名为"荷鼎",意即为兰中荷花之魁,一时轰动了整个大上海的兰家。

可是由于郁孔韶对此花爱之太甚,反成养不得法,到了第二年(1923)春天便开始褪草,只剩兰草三桩并一芽,友人见了劝其赶快易手,后经兰家俞致祥和唐驼介绍,以650块银元转让给上海另一位兰家秦采南。结果秦因对该草所染病情不明,所采取措施无效,使这兰花犹如愈拖愈重的重症病人,不上一年工夫竟萎蔫殆尽。致使许多见过此花的人,听了这消息都感到百般惋惜。

回过头再来说俞致祥的那盆'环球荷鼎'命运究竟是如何呢?

却说那天诸涨富辞别了生命危在旦夕的俞致祥后,他遵照俞老板所托,带走了奄奄一息的那盆'环球荷鼎',欲置放到自己工作的张家花园里好好莳养。可是在半路上,诸涨富却想到了要是以后老板徐甫荪以为是他的,造成误会该咋办?左思右想之后,他又回转身去找在上海开明书局里工作的莳兰名人唐驼,请唐先生暂时作管理,唐驼欣然同意代养,只是要求诸涨富能多来指导。

半个月过去了,正凑上个好机会,诸涨富受老板徐甫荪委托要去江苏常熟找兰家搜集兰花和交换品种,自然他首先必去挚友席裕全先生家。席先生不仅艺兰水平高而且养兰的环境特优,他的屋前有个大荷池,屋旁还有假山,周围古木蔽天,环境十分清幽雅致,庭园南侧有两座花台。诸涨富想:我何不将那盆'环球荷鼎'送到此处来做将息?经他与好友席裕全商量,不久诸涨富再次来到常熟,并亲自把寄养在唐家的'环球荷鼎'专程送来席家莳养。席先生爱兰如子,为保住'环球荷鼎'这个品种,不论在浇水、施肥还是除虫、防病,各个环节,总是格外管理得至臻至善,他还把细竹条插在兰盆边,以避免大风时兰花折叶受损,又特地为它建立起档案，随时记下兰花的生长变化情况。在席先生的精心管护下，这盆'环球荷鼎'当年就发了两桩新草，几年里小草又发成大草。四年之后，它终于在席家放花。看着这阳刚大气的叶姿和恢弘清丽的花朵，两位兰友的心里该是多么的甜蜜啊！

不少的人都知道这'环球荷鼎'好，但是很少有人知道这曾是奄奄一息的兰中珍品，都几乎面临绝种，乃是诸涨富和席裕全两位艺兰先辈全力救活后才使得它能传宗接代，得以与今人相见。

时空转悠到 1962 年，有位日中友协的名人松村谦三来中国访问，敬爱的周恩来总理在杭州西子湖畔外宾楼接见了这位日本朋友。临别时，周总理以莳养在杭州花圃的一盆'环球荷鼎'作为礼物赠送给松村谦三先生。从此松村先生把它留在身边，视作中国人民对日本人民珍贵友谊的象征，当做无价至宝，精心培护着它，并使它子孙不断繁衍。

近二十年后的 1981 年 11 月，松村谦三的儿子松村正直先生踏进了这块留着他父辈脚印的中国土地，他带领日本兰花友好访华团来中国的杭州、绍兴等地考察兰花，并带着一盆当年周总理送给他父亲的'环球荷鼎'回赠此花的娘家绍兴。

一盆兰花，一席佳话，一串故事，它交融着兰友之间的情谊，同时也希冀着象征中日两国人民之间的友谊如兰似芳，馨香永远！

（本文素材部分内容参考顾树荣《兰苑纪事》）

九

兄弟俩异床作同梦
王知府巧施苦肉计

——春兰传统名品'小打梅'的故事

话说清朝道光（1821-1850）年间，苏州郊外一个叫山塘的小山村里住着一对孪生兄弟，阿哥叫大虎，阿弟叫小虎。他们年幼时由于父母早亡，无依无靠，生活极度困苦。在村里人的关心和帮助下，他们勤劳耕作，相依为命。遇上干活时，兄弟俩总是主动争做重的、多的，碰到有点好吃的，兄弟俩总要彼此推让一番，这更使那些邻居们看了格外喜欢他们。

岁月如车轮般一月月一年年不停地转动着，两个患难与共的孤儿终于长成为一对身强力壮的小伙子了。他们不但对农活能精耕细作，而且还学会采草药、觅兰花。每到春天，他们总要跟着村里一些兰农一起把山上采来的兰花和草药拿到无锡或苏州城里去出卖，因此兄弟俩的经济收益能够不断增加，但平日里他们仍保持着那省吃俭用的习惯，于是慢慢便有了积蓄。打这时候起，就有人来给他们提亲说媒。没过几年，兄弟俩便先后完婚成家，还造了新房子。

却说山村里的冬天，气温特别的低寒，偏偏又下了几天纷纷扬扬的大雪。到了大年初一那天清晨，天气放晴，红日从白皑皑的山间升起，披着银装的小山村沉浸在一片祥和的节日气氛中。只隔堵墙的兄弟两家

小打梅

人，搬出张桌子和几条凳子来，在屋门前找个既能避风又有阳光可取暖的"窝风处"，喝喝茶晒晒太阳，说些近的道些远的，确也十分惬意。

在兄弟俩笑谈间，阿哥大虎说起自己在昨夜里做的那个梦：说自己神游到一个云雾弥漫的山头上，见到一位须发银白、腰缠钿褡的老者慈祥地对他说："你想发点财吗？让我告诉你，喏！东山那地方有宝。"老人用手指着西临太湖的东山，又继续说："寻宝嘛要有耐心，得了宝更不可贪心，要不然会落得个欢欢喜喜一场空！"说完，老人随即踏着一块白云飘然而去。阿弟小虎听着听着，他忽闪闪地瞪着两只大眼睛，满脸露出惊异的神情，他告诉哥哥：原来在昨晚自己也做了个梦，所处的环境和所遇老者的形象，以及对自己所说的话，与哥哥所述几乎没有什么差别。嗬！有这样的事。是祸？是福？兄弟俩的心里都感到神妙与惊奇。经商量，反正上东山又不难，不妨去碰碰运气，说不定真碰上只金元宝什么的，即使没找到宝，顺便各自挑担柴回来也是好的。

雪后数天，积雪消融，雾气缭绕着远近的峰峦，太阳露出来半个红脸蛋，这是个多好的天气！早饭后，兄弟俩腰里各别把柴刀，左肩搭上串粽子，右肩荷上根竹杠，他们顺着崎岖的山道很快来到山上。两个人猫着腰，眼睛全神贯注地左右顾盼着，生怕漏过那宝物似的。他们转来转去的足迹踏遍了东山各个旮旯，却始终未见有宝物的影子。眼看红日悄悄地西沉了。这时，小虎有些泄气地说："空落落的真没劲！早知道是这样，不如不来更少事。"还说了些埋怨哥哥的话。大虎听了说："还是抓紧时间砍担柴回去，这样总比空手回家要好！"

话说回来，这自小同甘共苦的兄弟俩打从成家之后，情感已不如先前，特别是小虎，心里老喜欢打些自己的小九九。虽然当时各自手上是在砍柴，可心里还是老打着个怎么宝贝还不来的问号，兄弟俩都希望宝物会突然地出现在自己眼前。由于干活分心，忽然听得小虎"哎哟"一声叫，原来他在砍柴间手背上被芦苇割开了一条口子。霎时鲜血就染红了手背，大虎三脚两步跳过来一看这情景，赶忙解开自己的裤裆就在地上撒尿，又迅即抓起被小便湿软了的黄土糊糊抹在小虎手背的伤口处，然后再扯点苔藓，捡张大点的树叶子一包一扎，血一下便止住了。

有位六十开外，戴副老花镜的教书先生来到兰摊一面细细审察兰花，一面头头是道讲给他旁边的兰友听。

说来也实在偶然，就在大虎躬下身拾树叶子的地方，他发现了在矮树丛中长有几株春兰，细长的花茎上露着两个犹如小鼓锤的浅红色花苞，它那弯弯似镰刀形的叶子流露出几分规矩的秀气，看上去与往日所看到过的兰草实在有些不相同。小虎由于手受了点伤，又没找到宝，心绪不好，便不耐烦地老催大虎："快走快走！有啥好的？这种草能值几个钱？"但大虎还是利索地挖起这几株春兰，把它们给带走了。两人随即挑着柴担从东山顺原路匆匆赶着往家。到家后天都已麻麻黑了，大虎找了个竹编的淘箩又挖来些土，快手快脚地把这兰花种好后便去吃晚饭了。

却说隆冬采兰，春初卖兰是苏浙一带山农祖辈传下来的风俗习惯。过了正月十五，这徐家兄弟俩各自准备了一担春兰，跟同村的几位兰农一起动身到苏州城里去卖下山新花。这竹淘箩里栽的兰花也正值开放，芬芳异常，大虎也顺手捎带，把它摆在自己的兰摊前让大家观看。

第二天，有位六十开外、戴副老花镜的教书先生经过这徐家兄弟的兰摊边。听一些买兰的人说，这老先生还是位苏州颇有名气的兰艺高手哩！老先生闻到一股清雅的兰香，两眼一下盯上了这淘箩里所植的兰就不由自主地蹲下身来，一面细细审察特点，一面头头是道地讲给围在他身边那些认识他的人听："这兰花的瓣形是短脚圆头、肩平而紧边，分头合背的半硬捧，每花圆形舌上均有两个鲜丽的红点，很是一致。细长的花莛，端正的花容……一定可卖个好价钱的。""大概会是多少？""少则一二百，多则二三百。"老先生是实话实说，岂料兄弟俩一听完便二话没说立刻争抢起这盆种在竹淘箩里的兰花来，大虎大着嗓门说："这花是我看到，是我挖来，跟你不搭界！"小虎紧咬着牙厉声说："没有我手上受伤，你会去找那里的树叶吗？你会发现它们吗？"

俗话说："二虎相争两败俱伤"。这兄弟俩先是你抢过来，我夺过去，紧接着从不休止的争吵发展到拳打脚踢，最后竟打得头破血流。那些来卖兰的同村人，左拉右劝，可这兄弟俩哪还听得进乡亲的忠告啊！一个是双眼圆睁，虎视眈眈；另一个是双唇紧咬，额绽青筋。全然是一副争财的凶相，哪里还顾手足之情！

就在"二虎"争斗得不可开交的当儿，苏州王知府的轿子恰好打这里经过，知府派人去了解情况后，当即发令将肇事者带去府衙。

　　瞧这王知府还真有一套办法，他一升堂，先听完兄弟俩各自申述的理由，便握笔疾书了四句话："兰本山中草，烂贱用担挑；兄弟本同根，贪财施强暴。"紧接着一拍惊堂木大声问："些许兰花小事，何以兄弟之间要打得头破血流？"他决心要治一治站在自己面前贪财忘义的两只老虎，立刻命手下人拿来一根扁担，先喝令大虎趴到一条长凳上，然后叫小虎重打大虎屁股十大板，这小虎一听，立即捋捋袖子，举起扁担啪啪就打，直打得自己的额头上沁出了汗珠，嘴里呼呼地喘着粗气，心里头啊实在解恨。他正猜不透府老爷咋会帮自己治大虎之时？突然又听得府老爷喝令自己趴到长凳上去！喔唷？他知道情况不妙，但事到如今当然也只得无可奈何，乖乖地趴下。这时王知府即令大虎狠打小虎的屁股十大板。这大虎摸了摸自己刚刚被打痛的屁股，心里怒火中烧，他想：刚才你把我往死里打时断然没有想到有我回打你的时候，既然你无情面，那我也就无义气了，一报还一报嘛！于是大虎也抡起扁担来嗨嗨嗨一口气同样打完十大板。

　　"唉唷，唉唷！"此时此刻，两个人的心里都像是哑巴吃了黄连一般。可是还来不及让他们细想，王知府又令小虎再打大虎十大板。这小虎有了前面的教训，顿时没了先前那股复仇的激情，他一面迟疑地拿起扁担一面肚里估摸着：我若打重了你，反过来你以重还重，如果这样没完没了打下去，两个人都非死不可。但慑于知府的官威，虽然小虎又打了大虎十大板，显然已不再敢用大劲。这大虎也在思忖：如果这样以牙还牙地打下去，倒霉的是咱兄弟俩，且不管是谁个错，从良心上说也是对不起咱爹娘的事，当下既然府老爷命令已经出了口，这十大板也不得不打，但在力度上却如同掸灰尘一般。

　　完了第二个回合，王知府又在喊第三拨开始。可这时候，兄弟俩都不想再打下去了，他们的眼前仿佛看到了含辛茹苦的老母亲站在自己面前，流着老泪戳着指头，厉声责备这兄弟俩的鲁莽，各自羞愧得无地自容，泣不成声。王知府见此情景，故意大声嚷嚷："打呀、打呀！想不想再打了？"只见两只老虎低垂着头一声不吭。半晌，小虎颤抖着声音说：

"大人，我们是小打小闹玩玩的。你可别太认真啊！"大虎也接着说："是的、是的，我们兄弟俩是小打小闹玩玩的，没有什么恶念！"

王知府看到教训得差不多了，便严肃地站了起来，宣读了开头所写的四句话，然后当众宣布将这盆兰花送去苏州花窖里代卖，所得之款由兄弟俩平分作治伤之用。说完便退了堂。

就在这徐家兄弟俩上公堂后没几天，这盆兰花在苏州花窖代卖时吸引了许多长衫朋友，结果是这个人见了想要，那个人见了也想买，争来争去谁都不肯相让，不料相互间说话的嗓门明显大了起来。看来矛盾正在不断激化中，大有一触即发的势头。花窖老板一看机会来了，便大声吆喝起来："谁出得起高价就卖给谁！"话音刚落，八九个人纷纷出价，层层加码，谁都争着想要。有人把文人的这种争抢笑称为"小打"。最后此花被苏州一位姓金的艺兰者以一百块银元购去养植，并根据当时流传的那前后两个"小打"的故事，给这兰花取名为"小打梅"。

（本文素材由陈德初、朱宏祥等提供）

十

小石屋迎王考植兰
鹿残涎激彩兰变素

——春兰传统名品'张荷素'的故事

公元 1765—1785 年的二十年间，在中国历史上是清朝乾隆皇朝统治的鼎盛时期。这位爱新觉罗弘历，曾效法祖上"盛世滋丁，永不加赋"的做法，确实让老百姓减轻了些负担，真可谓是"太平盛世"。但是尽管这样，当皇帝的总还是会有几分担心自己统治地位能不能稳固，他最害怕的当然是"三年造反不成的秀才们"会给他带来麻烦。于是他一面提倡八股文，宣扬尊孔崇儒，曾多次亲自上曲阜朝拜孔子，给文人们做榜样。另一面又暗暗地指派心腹，故意从一些知识分子的文章中摘取字句、罗织罪名，构成许多诸如"清风不识字，何必乱翻书"那样的冤假错案。

当时，有位在京城文部里任幕僚的王考，就是在乾隆的"文字狱"中受到整肃被革职罢官的一位，他虔心佛教，谨守儒训，忠诚朝廷，有功可循，虽然幸免了杀头和下狱的劫难，却也被遣送到安徽的大山里来洗心革面。他离别家人，怀着一肚子的冤屈，孤身来到黄山脚下一个叫做张村的地方，借居在半山腰那间现成的小石屋里。平日里，他除了诵念"皇经"，面壁思过之外，成天总是无所事事，失魂落魄地过着度日如年的生活，哪里还敢再舞文弄墨！为了填补内心上的空虚，有时也去黄山上散散心，每当他全身心投进那漫无边际的云海尽情地遨游之时，心

張蒨素

头总会产生出一种如临仙境般的梦幻。累了，他就坐在石级上歇息，仰望着悬崖上那些枝干虬曲的苍松和凌空盘旋的苍鹰，顿时使他变得心旷神怡，紧锁的心结也由此打开。

就在王考全身心投进大自然怀抱的时候，他的鼻子里突然闻到一股清神的兰香，若淡若浓，时有时无，兰香像是有一股魔力牵引着王考，在不知不觉中引诱他想去寻找兰花的意趣。一提起兰花，这王考本就是生长在安徽城里的一个养兰世家，自幼就已经接触过兰花，只因为后来求取功名，便一心读书，高中之后又长期在京城为官，此后便再也无暇去顾及兰花了。现在，兰花竟在他失意的时刻里再现芬芳，故友相遇，顿使他这颗抑郁又悲苦的心突然被拨弄得心头痒痒。于是他情不自禁地顺着山间小路，随香寻觅起兰花来……

就在不多远的地方，他终于发现了一丛叶形长阔而半垂的兰草，夹生在几株灌木丛间，待得近去细细观察花苞，他看清楚这是棵花瓣浅绿而宽大、基部略显收根的荷型种，长而反卷的圆舌上撒着几个小红点，色彩对比十分强烈。他随手折根松枝，使出九牛二虎之力，一下一下，耐心地将粘着泥土的根一齐挖起。双手捧着兰花顺着山间那弯曲的石级缓缓下得山来，然后把它栽植在小石屋边的地里。

从此，王考对兰花的逸趣和钟情便一发难收，每次只要是上黄山，他总会不由自主地去寻觅兰花，不论有花没花，只要自己认为好的兰草他都要挖来种在小石屋旁。如此年复一年，这小石屋的前后左右便都长满了兰花。春天里，兰花舒蕊放花，如蜂似蝶，幽香远溢。王考常挑着乡亲们送给他的两只用粗毛竹做的小水桶去泉边打水浇花，不时还要拔草、抓虫子。他常常把自己一头扎到兰花里干得汗流浃背。张村的乡亲们也时刻来帮他锄地、种菜，带他一起去山里采草药，不时还给他送些吃的。就是那些乡亲们关心着这不脱毛的如鸡的凤凰王考，帮助他告别了那惶惑不可终日的日子，从此他的生活也慢慢变得快乐和充实起来。有时候，乡亲们趁劳动闲暇时也到小石屋里去坐坐，听王考滔滔不绝地涌念"皇经"，还讲些兰花故事，故事里那些有趣的情节，大家常会听得津津有味，哈哈大笑。在王考栽兰的影响下，有的山农也采起兰花来，

就在他渐近石屋时，一眼看到有两只棕色皮毛上缀朵朵白花的野鹿正在啃食屋前的
兰草。

还挑着兰担到集上去卖兰花，致使后来的许多上品兰花集中在安徽下山。

却说在这偌大的黄山里，林木荟郁，自然也是野生动物们生活的乐园。平日里，常可见到它们三两成群地出没在山里，尤其是到了每年春天，更是牠们聚会找朋友的季节。在绿林中，它们总是尽情地嬉戏、欢乐地跳跃、追逐。即使见了王考也不会害怕得四处逃遁。

一天早晨，王考离开石屋，又和张村的几位山农上黄山去挖补药黄精，直到傍晚他才与乡亲们道别回家。走着，走着，很快就望见被晚霞染得泛成红色的小石屋了。他踏着夕照下橙红色的石级一阶阶走下来，一路听着鸟雀们晚归前动听的歌声，心里更多了几分欢畅。可就在他渐近石屋时，一眼看到有两只棕色皮毛上缀着朵朵白花的野鹿，正在石屋边低头啃食着屋前的兰草，他不由捡起块石头赶紧扔向野鹿，嘴里还"嗬嗬嗬"地喊着，心想把野鹿吓走。但野鹿却好似没有听到，仍一个劲地顾自己啃舔着兰草。

自己离野鹿终于近了，王考使尽平生之力再扔出块石头，只听得"啪啦啦"几声响，这次大约是野鹿受到了惊吓，才慌忙撒开蹄子急速钻进了林间，一眨眼便无影无踪了。王考跑到石屋边一看，见自己所植的好大一块兰草，已被野鹿吃得只剩下一簇簇芦头，上面还残留有黏稠且带小泡沫的鹿涎水，狼藉得几乎连一片完整叶子都没有剩下。见到这情景，他的心里当然十分痛惜，然而事已到了这步田地，亦只能是无可奈何的了。由此他突然想起自己在京城时本是好好儿的当官做幕僚，没想到一夜之间就被罢官，停发了俸禄，流放到这冷寂的山坳里，细想这一切在佛教禅理中似乎都是命运的捉弄，是在为前生赎罪。所幸眼前这些兰花部分的假鳞茎尚算完好，根也没坏。他一面对这些残草重新作着整理，一面随口吟诵出白居易的诗句"……野火烧不尽，春风吹又生"。借诗歌勉励和安慰自己要憧憬未来，不可失去信心。

却说那些在上年被野鹿啮食过的残存兰体，经王考养护之后，终于在江南梅雨季节气候适宜的条件下，只见一个个新芽先后冒出土面，且是一色的嫩绿芽壳，竟没见有一丝儿红筋。王考心里思索着这气息奄奄的芦头和兰根，居然会新芽复出，足见它们有多么顽强的生命力！想来这也许该是自己吉祥如意的好兆头。到了六七月里，兰芽长为成苗，看去要比往年长得更为粗壮。到了来年的初秋，竟在这隔年草里起了包壳嫩绿色无一红筋的花蕊，只盼来年春天，开花便指日可待了。

时光终于到了翌年的农历二月初，在春风乍暖的日子里，小石屋边的兰花终于开放了，它们馨香一片。王考惊喜地发现眼前这块被野鹿啃啮过的兰花，其形、其色都跟原来所开出的有明显不同，他见到的是浅绿色的苞壳和花梗，全花的外三瓣和捧瓣，也都是一色的青绿中略显出玉石般的透明感。尤为令人不解的是那花反卷的大圆舌上，好像是谁把小红点给偷偷地抹去了，它们摇身一变竟都成了素心花。这实在使王考百思不得其解，是这花性状善变呢？还是移植到园里后环境改变所致呢？抑或是野鹿的涎水刺激了这兰根和芦头，促进了它的变异？他想得虽然很多，但到底是什么原因？最终还是不能说得明白。不过他认为不管是什么原因，反正自己眼前所呈现的确确实实是素心荷型瓣品种，已足够让他惊喜万分了。此时不由又让王考面壁细细思量一番，这兰花能从垂危中复苏，又由彩心变为素心，这变化、这过程使王考深深感悟到这不是给人以"吃得苦中苦，方为人上人"苦尽甜来、吉祥如意的启示吗？从此王考就给这兰花冠名为"大吉祥素"。

为了防止野鹿再次侵扰，王考把'大吉祥素'从屋边地上挖起，栽植在一只由乡亲们送给他的新编竹筐里，并把它放在石屋旁的矮墙上。说来真是事有凑巧。正值王考在黄山脚下度过十八年岁月后的第十九个春天里，'大吉祥素'竟放花四莛，其中两莛还开了双苔，朵朵素雅高洁，真应了民间常说"六六大顺"这句吉祥话。也几乎是没过几天，京城里派人来宣读圣旨："皇帝大赦天下，重召王考回京复职。"他接过圣旨，送走客人，回到屋里，紧闭双眼，面壁坐思那过往的岁月：人生恰似一个令人费解的梦。世态的炎凉，人情的冷酷，仕途的坎坷……唯有这兰花是挚友，它与自己朝夕相随，给过自己许多无言的启迪和内心伤痛的抚慰，它使自己丢却的是曾被计较过的那些荣辱得失的旧日心态。只有那如'大吉祥素'般心灵纯洁的张村山农关照自己，让自己在这十八年的苦日子里仍充满丝丝欢乐。他忘不了黄山的小石屋，离不开那圣洁高雅、颇通人性的兰花。

　　圣旨既下，王考终于赴京上任了。他把苗数多的一盆'大吉祥素'留下来赠给了张村那些喜欢种兰花的山农朋友们去分种，另一盆则自己带往京城去亲自莳养。

　　王考回到京城，官复原职，当然是高俸厚禄。然而，他对这一切却已看得极为淡薄了。而真正让他在往后的岁月中魂牵梦绕的是黄山美丽的环境，是往日在黄山脚下度过的那段生命中难以忘却的时光。为了铭记张村乡亲们的情谊，王考又亲自把这'大吉祥素'更名为"张荷素"。并让它与自己一直在京城里相伴相随。

　　　　　　　　　　　　　　　（本文素材由陈德初等人提供）

十一

钱兰客获宝即易手
洋行主冠名唤军旗

——春兰叶艺传统名品'回归'（军旗）的故事

　　这是个发生在民国十年（1921）时的兰花故事。相传在江西的武夷山和怀玉山交界处有个叫做河口（今称铅山）的地方，这里高山众多，溪水湍急。俗话说："靠山吃山，靠水吃水"，因此这一带的山民，多是以砍柴烧炭为业。

　　农历的正月下旬，正是春兰盛开的季节，几个烧炭的山民聚在一起，围着块大石头当桌子，各自吃着自己所带的午餐。一阵轻风吹过，带来一股浓郁的兰香，使人浑身感到舒爽。"吓唽，吓唽！"其中的一位吴姓山民突然被兰香刺激得接连打了几个喷嚏，他口里连声叫着："嗯？嗯？是哪里所长的兰花咋有这么浓香？"他回头四顾寻找香源。不一会儿就在自己身后的映山红丛里，发现有丛兰花开着，啊！这浓浓的兰香想是从这里发出的！看这兰花深绿而斜立的叶面上，间隔着一条条粗细不一的乳白间牙黄色线条。绽开的两朵花，瓣缘恰似包着一圈银边。看上去十分诱人。他并不知这兰花会有多么名贵，只是觉得这种"线色叶子"的兰花，在以往自己好像从没见过，仅是因几分新奇，于是待到傍晚归家时，他便顺手把它挖起，扔到自己的竹背篓里，带回家来。可是令这吴姓山民诧异的是自己亲手放到背篓里的兰花，怎么会不翼而飞了

呢？他望望黑乌乌的天空，心中自问：还到哪里去寻找？只好自慰一句："没得了！拉倒。"说实在话，他并不知道这草好在哪儿？当然心里也就不会觉得特别的难受。

第二天早上，他还是与寻常一样跟大伙去烧炭，傍晚又一同归家。可偏偏在第三天晚归的路上，这吴姓山农竟巧遇跟自己先前丢失的线叶兰，捡起来看看，好像就是自己前几天所丢，可惜叶上已经满是伤痕，且有些干涸失水，想是被太阳晒过，被路人踩踏过了，他随手将其丢弃。可心中又转念一想，那也是一条命！这山农突然对这兰草产生起怜悯之心，于是把这受伤的兰草找回来放进自己的背篓里。到家后，他端来一盆清水，用手轻轻地洗净兰叶上的尘泥，然后把它漂在水里，想让它恢复到脱水前的容颜。

隔天晨间，吴姓山农早早起来，他找了块干布，把从水盆里捞出的兰草小心拭干后栽植到事先准备好的那只装过生漆的小木桶里，然后摆放在家门口东首江边的大樟树下，此后一切便任其自然，并没有太多的管理。

时光一年年过去，杉木桶里那"花叶子"兰花在悄悄地生长着，几年工夫便发棵到十来桩，且年年见花。每到兰花开时，偶尔会有人凑近去闻一闻，夸一声"好香！"，这兰花依然在大树下静静地花开花落，显得那么的平平常常。

民国十五年（1926）的春天，有位自称是绍兴人的钱姓兰客，带一位老乡，雇上个竹筏，沿信江直下，经过河口时已是饥肠辘辘，于是就把竹筏拴在大樟树边，上岸来找老表弄点吃的，就在这大树底下，他们闻到了兰香，而且一眼就瞧见了开在木桶里的兰花，看到了它们的绿叶上如同嵌缀着一条条粗粗细细的金线、银线。那绿宝石般的花瓣上似巧手绣出的一圈白边。但那时的养兰人和卖兰人并不重视这种贵过金子的叶艺兰。就是有识兰经验的这位钱姓兰客，也只是从略显收根放角的外三瓣和那半开半合的蚌壳捧特征来鉴别花形，认为它不失为是荷型细花新种。打算问清这花的主人后再提出把它买走。

两位绍兴人和竹筏工一起来到一户老表家门口，钱兰客拱手相问：

李满堂独自徘徊花园，突然仰起头望着那弯冷月，噙着泪花长叹：唉！中国人为啥这般受屈辱？

"老表贵姓？我们来自浙东绍兴的乡下，到这里来找兰花，我们已整整一天没吃过东西了不知可有卖吃的地方？"好客的老表忙把他们请到客堂前叙谈，叫出他的堂客（妻子）和女儿赶快烧火做饭菜招待客人，母女俩忙乎了一阵之后，立即端上了热腾腾的饭菜，让三位"客人"吃了个饱。饭毕，钱兰客伸手到自己口袋里准备付饭钱，不料被主人谢绝，说啥也不要饭钱。他说："老辈人留下的话，叫做'在家靠父母，出外靠朋友'。"老表一家人如此豪爽好客的言辞，顿时使彼此间的距离拉得心贴着心。饭后喝茶时，钱姓兰客提起了兰花的事来，他问："老表，河边树底下的兰花是哪家所种？""你是否想要？"吴姓老表反问了一句。稍停后，他便爽朗地回说："你喜欢，你就把它挖去，反正我也是从山上带回来的，又不花什么本钱。"钱兰客听了老表的话，心里自然欢喜，但他想：做人总要讲点良心，人家对我们如同亲人，可不能亏了人家。想到这里，他便把话头一转对吴姓老表说："老表，我们那里也有个规矩，叫做：'种田人不吃蛤蟆，兰人不能白拿兰花。'要不然我带回去准养不活。因为会惹山神爷生气的。"吴姓老表一听，信以为真，他憨厚地说："那你就随便给点钱好了。"

钱姓兰客付了一块银元，已够让主人欢喜，心头满足异常。第二天早上，他随即挖起木桶里的兰花，用苔藓裹好兰根后装进自己所带的竹篓里，旋即取道上饶，径奔上海而去。不上三天时间，即以20块银元的价格把这"线叶兰"卖给了当时在提篮桥开颜料行的兰迷老板李满堂。

这李家有个私人花园，名称"清风园"，在那时的大上海曾颇负盛名。第二年，在春风乍暖的时候，这"线叶兰"自江西易地后首次在黄浦江畔放花，几位兰友都不约而同来到清风园赏兰，当时上海的一些大兰家对这盆新花的评价是花形大、色鲜绿、质厚糯、捧齐整。兰叶边缘及中间镶着一条条乳白色粗细不等的线条，这在春兰里的确也是首次亮相，难得一见。但从花的三萼长与宽的比例来看，显得瘦长，并不是大富贵那样的正格荷瓣花。一位兰友看了这叶艺草便心直口快地轻说："种这种东西，还不如种盆吊兰更好！"有人如此议论这兰花，似乎是一种无知，但说实在的这也难怪。因为那时人们对叶艺兰的鉴赏水平远远没有达到今天这般的高度和深度！

　　就在兰友来园欣赏该兰之后的第二天，清风园里来了位鼻孔下留有一撮小胡子的不速之客，他叫福田光夫，是上海东亚洋行的总经理。福田也是个兰迷，在日本京都老家也有个兰园。自他来上海任职洋行经理不久，就听人说过：清风园里的兰花既多又好。因此，他一直有想亲去一睹的愿望。今天这愿望终于实现了，他躬着背弯着腰按那兰盆摆着的次序一盆盆地看去。突然有盆开着绀覆轮花的缟草，映入他的眼帘，不由使他停住脚步细细端详起来：哎哟，半立的钝尾叶上，显现出如此清晰的条条金线线和银线线，叶质硬而富有弹性，有刚中带柔之感。紧边的外三瓣及两捧瓣的边缘是一圈反差极大的银白边，十分秀美。缟艺叶、覆轮花，有机组合、融汇一体；矮形兰草配高干花莛，相映成趣，这种形象如此完美的春兰花，走遍天涯海角都是难以觅得的啊！实在让福田光夫看得入神，久久不忍离去。

　　李满堂见他老站在那里，两眼直勾勾的好像盯住了什么，走过去便问："先生，啥东西让你看得如此入神？""哦耪，哦耪……"福田光夫脑子里驰骋着的思绪被突然打断，他忙用手点点"花叶兰"问："这个的，叫什么的名字？""是刚从山上挖到的新花，还来不及取个名字。"李满堂答道。"唷兮唷兮！这个兰花的大大的好。"福田跷起大拇指赞美后又对李满堂说："在我们的日本，这样的兰花叫做缟艺的兰，大家统统的喜欢。"

　　李满堂听了这日本人对"线艺兰"的一番评价，心里比得到个金元宝还要开心三分。回想起自己当初买下这兰花时，只知它花形不错，并不知它的叶子如此妙不可言，他沉醉在这"天之骄子"与自己深厚的缘分中。

　　此后的几个月里，福田曾多次来到颜料行，说要与李结拜兄弟并合伙做生意，可以让李发点洋财，却绝口不提兰花之事。但李满堂心里已意识到福田的亲热是醉翁之意不在酒。果真半个月后，李家来了位曾一起做过颜料生意的朋友，他一坐下就向李满堂表明，自己是受东亚洋行经理所托，代他传言，要求李出让这盆叶艺春兰。但不管朋友横说竖说，李满堂仍是摇摇头，拒绝出让。这朋友束手无策，最后也只得空手而归。

福田光夫眼看自己的要求落了空，心里很不舒坦，他恼羞成怒，改用硬的方法，四处放出威胁性的话："这个姓李的，不知好歹，我要让他的颜料行统统的关门大吉。"这话很快传到李家，他的太太赶忙来与丈夫商量："眼前的上海滩，处处是外国人的天下，尤其是日本人，更是穷凶极恶。阿拉可得罪不起，把兰花给人家算啦。"李满堂听了还是摇摇头，脸上露出强硬的表情。这时邮差送来当天的《申报》，李满堂看到："昨夜五马路张记商号惨遭大火，房屋财产一应俱毁，老板与两位伙计均葬身火海之中……"他再也看不下去了，鼻子里"哼"的一声，接着便愤懑自语："谁不知道这是东洋佬干的好事！"

"兰花毕竟是白相相的，伊要买，侬就卖。切勿做抓粒芝麻丢脱西瓜的事。"好心的同仁也来劝说。

经过老长的一段时间，李满堂只得权衡利弊，考虑再三，在恶势力面前感到万般无奈，他派人送信给福田，表示同意出让这叶艺春兰。

秋天夜晚，月光如水，李满堂独自在花园里徘徊，他双手捧起这盆兰花，深情地轻抚几下叶子，突然间他仰起头来望着那一轮冷月，两眼噙着憎恨的泪花，长叹一声："唉！中国人为啥这般受屈辱？"

说起"出让"二字，本来所指意思是把自己的东西卖给别人，是钱与物的交换。可是在民国七年（1918）的上海，列强们常说的"出让"其实就是一种明抢。强盗行劫竟还要遮掩一下肮脏的嘴脸，以如此文明的词汇进行冠冕堂皇的抢夺！第二天，福田派人来清风园，分文不付就端走了这盆他梦寐以求了若干年的缟艺兰。福田见了这盆缟草，洋洋自得，仰天大笑，他自鸣得意地说："支那人就喜欢吃硬的。"他为自己的计谋成功而不尽自豪。

大约是数月之后，不知是什么原因，福田突然启程回国，（有人说他是日本间谍）他随身把这盆缟草带到日本，在自家的花园里莳养。

两年时间又一晃而过，这盆春兰缟草在福田的花园里发到二十来桩，显得生机勃勃，格外神采。即着时日便到了1930年的春天，日本陆军在广岛外海举行了大规模的军事演习，以渡海抢滩头迅速夺取目标阵地为演习内容，以作好入侵中国的准备。大演习的指挥所（司令部）就设在福田家门前的那排房子里。根据日本人的习俗，军队演习地的老百姓，都要拿出心爱之物作为贡品，以预祝胜利和迎接部队军旗的到来。此时的福田光夫真是煞费苦心，为了表达自己对天皇的忠诚和对"东亚圣战"的必胜信念，毅然捧出了自己最心爱之物——一盆正在放花的缟艺春兰，福田光夫把这盆从中国攫取来的绀覆轮中透缟春兰，冠名为"军旗"以最虔诚的心意敬奉所谓"神圣的军旗"。

此后多年里，这'军旗'的花艺和叶艺曾几度轰动过日本兰界，被称为"无上极品"。

民国二十年（1931）九月十八日，日本悍然向中国发动了"九一八"事变，把它的膏药旗插到了中国东三省的土地上，接着又发动了"七七卢沟桥事变"，扩大了对中国的侵略范围。从此侵略者以开洋行做生意这种掩盖侵略的方式，翻脸变成了直接明目张胆的武装侵略。由于战争的需要，不久福田被征召回部队任中佐军官，并带领军队再次赶赴中国，后来在淞沪战争中丢了性命，成了永远留在中国荒野里的孤魂野鬼。

前事不忘，后事之师。在这场侵华战争中，日本军国主义者曾杀害了无数的中国人民！也曾有多少日本的年轻人在军国主义幽灵的欺骗下为这出人间惨剧充当了炮灰，使多少无辜的日本百姓骨肉离散！

今天，中日两国人民都有一个共同的愿望，中日不再战，我们一定要世世代代友好下去。但是这个象征军国主义阴魂的兰花名字'军旗'，却让许多中国人感到心灵的创痛。这是多么不适应今天世界和平与友谊新潮流的名字啊！于是近些年来由冯如梅、朱庚亮等有识的先生们在《中国兰花》杂志上不断撰文，建议为这个绀覆轮、中透缟的中国春兰'军旗'改名为"回归"，意谓此草如一个长期在海外漂泊的孤苦游子，今天终于回到了祖国母亲温暖的怀抱里。

（本文素材由朱庚亮、冯如梅等人提供）

十二

怪和尚采兰天目山
盛阿关邂逅获佳品

——春兰传统名品‘吉字’的故事

　　红壳绿包衣，梅族新种‘吉’；五瓣紧圆头，兜深收脚细。

　　这是在清朝光绪年间，苏州的一位佚名文人所写的五言兰诗，由于他在友人家里看到了春兰‘吉字’放花的优美形象之后，深有感触，便笔一挥而就此诗。

　　说到这春兰佳种‘吉字’，也许它的名气不如‘宋梅’等其他梅瓣花那样被人们所熟悉，但是它眉清目秀、气质潇洒，也确实是个难得的梅中佳品。你看：这花质地细糯厚硬，半垂环形叶子浓绿有光，花蕊的外壳水银红色，里头的包衣却是全绿色，壳上一条条紫色筋脉泾渭分明；外三瓣及二捧瓣是纯净一色的淡翠绿，形状短圆收根，平肩起兜，如意形舌瓣与双捧之开合度，对称而又规正；更有一支高达六七寸的花梗，在叶丛中高高撑起，宛如一位不施脂粉的丽人，神采奕奕、仪态万方、嫣然一笑，显出一种自然的美。据说当年此花在苏州展出，曾使整个苏州兰界轰动一时。三年之后，它即流入日本，也曾使那些首先得到的日本花友如获至宝。

　　要问这春兰佳种的采觅者到底是谁？兰界里确实流传有不同的说法。

吉字

有人说此兰是苏州的盛阿关所采。打从他在浙江北部天目山上采得这兰花新种后，便时来运转，不但得了好大一笔钱，而且他那多年因病卧床不起的妻子也由此竟不治而愈了，从此他的全家人平安大吉。这就是盛阿关为啥要给这春兰新种取名"吉字"的初衷。

可也有人说此兰是由一位法号叫莲心的游方和尚跟他的伙伴在浙江西天目山觅得后转卖给盛阿关的。并且由这一争论而引出一段不寻常的故事来。

那是光绪二十五年（1899）春天，一个细雨蒙蒙的日子，绍兴漓渚镇东首的容山村里来了位年约四十岁，自称"莲心"的和尚，他脸色灰黄，衣衫颇为不整，操一口广东方言。而且令人奇怪的是这和尚一到村里就没有停歇过脚，也不念佛，却总是蹿东闯西地转来转去，直到第三天，他才走进容山村的一个大庙里，摊开破席卷准备住下来。这庙内，原就住着个管庙的老人，和尚见了老人当即双手合十躬身一拜，叫声"阿弥陀佛"便开口向老人借锅烧饭吃。此后，两个人一起居住的时间虽然渐长，却一直都是客客气气、相互帮助，生活虽然清苦，却也融洽温暖。每天早晚间，和尚还在庙前的空地上舞刀弄棒练拳脚功夫，也别有一股硬汉的本色。

话说这容山村离浬渚镇上有相当一段路程，如走大路，约有八九华里[①]，若抄小路，虽然只需四华里，但这小路山道险陡，且半路上必须翻过一个常有野兽出没、被当地人称作"吊煞岭"的山冈，所以小路虽近，却只有一些胆量大的人才敢打这里过往。

一天傍晚，西边天空尚留有一些火烧云，莲心和尚从漓渚回村，走到"吊煞岭"时，听到有人在那里"嗯唷、哎唷"地呻吟，他循声望去，原来是个二十多岁的年轻农民躺在草丛中，脸上露出的表情很是痛苦，他对和尚说："师父，我是容山村人，今天上山觅兰花遇到了野兽，在逃跑时摔伤了膝盖，我的父亲叫双喜，回去时请你通知他一声。"和尚只是半听懂了这年轻人说的意思，便不假思索地说："天都快乌乌了，还

---

① 华里：即里，1 里＝500 米。

通知个啥？我扶你回家啦。"说完便搀着这青年一步一步朝容山村方向走着，可走了还不上百步，这年轻人感到伤处疼痛难忍，他要求歇一下，和尚只好把他置在路边，自己想趁天尚未黑透的时间采点草药带去给这青年治伤。和尚来到离路口不远的小山旮里，躬身寻觅鸡血藤、牛膝草、乌头等伤药。突然他感到自己身后好似有人近来，刹那间有两只手从背后搭到了自己的肩上，正当他要扭头去看时，鼻子里却闻到一股野兽的膻臊味儿，耳朵里还能听到野兽呼呼的喘气声。"啊，不好！"说时迟那时快，他在心里暗自叫着的同时便立刻用自己铁钳似的双手紧紧攥住野兽搭在自己肩上的两只爪子，又用自己的头顶住野兽的下巴，不让它张嘴。紧接着似流星般地跨开双腿，硬是把它拖到石壁前，一下一下用尽全力，接连地把兽头往石壁上撞，直砸得它瘫软为止，和尚转身一看，啊！原来是一只大豺，只见它的七孔里流着殷红的血。直到这时候和尚才敢舒口大气把额上的汗水抹去。

夜，月明星稀，"吊煞岭"上万籁俱寂，莲心和尚一手背起这位受伤的年轻人，另一只手拖着死豺的尾巴，向自己落脚的容山村匆匆走去。

住在庙里的一个穷和尚，在人们眼中看本是平常而又平常的人，现在却由于徒手打死一只野兽豺又救回村里一位受伤青年，一时竟成了村里人传颂的头号新闻，人们绘声绘色地把和尚夸赞成"大力士""活武松"。可是村里也有几个自以为有点功夫的小伙子听了压根儿不服气。一天清晨，他们从山上练完腰腿，在下山时正好看到这和尚像一只鸡似的蹲在茅坑沿上出恭，其中有一人斜着眼珠子对和尚说："听得师父武艺高强，今天跟我们玩玩可好？"和尚一听，赶忙系好裤子，重新跳到坑边上呈个蹲势，并随手拔起一根插在坑边的竹杠，一头用手抵住自己的胸膛，做个向前推的手势，要他们数人握住竹杠另一头，合力向自己这方向推来。"嗨、嗨、嗨……"有个小伙偷偷地对伙伴说："今天非让这个秃驴吃掉刚才他自己所拉出的不可。"可他们推着推着，还不到十分钟就气喘吁吁了，而和尚的两只脚尖踮在坑沿边却仍纹丝不动，直挺挺的上身更是稳若泰山。经过这次较量，几个小伙子心服口服，从此他们常来庙里，要求莲心和尚教拳脚，一见和尚就"师父，师父"连声地叫。和尚不但教村里的小伙子练功习武，讲些惩恶扬善、劫富济贫的故事给他们听，还跟他们一起上山觅兰和挖草药。村里的大庙成了他们聚会的好地方。但是时间一长，竟引起了官府那些大人先生的不安，不时派人来窥视他们在庙里的动静，而和尚并无觉察，仍天天活动依然。

光绪庚子二十六年（1900）春节刚过，便到了绍兴兰乡人上山采兰的传统时节，容山村里的不少人家都在做着上山的准备工作，和尚和几个青年也离村去远方采兰。他们跋山涉水终于来到兰源颇丰的临安天目山脉的群山里，这里是山幽谷深、流水潺潺、云迷雾蒙、修篁茂林，的确处处都是兰蕙生长的好地方。不过采兰花可不是件容易的事，觅兰人必须尽往无人出没的地方走，因为只有无人到过的地方才有可能遇上好花，有时还会遇上峡谷、深涧、危崖、巉岩和一些猛兽的袭击。每当遇上险境，和尚总是走在头里，还要不时地照顾同来的伙伴。六七天以来，他们已采得一些品种不差的兰花，装进麻袋暂放在临时起居的山洞里。

一天中午，大家正坐在几棵老松树下吃着带来的干粮，忽然在离他们不远的树丛中蹿出来几个大汉，他们大着嗓门吼叫："你们来这里干什么？"和尚脸带笑容回说："我们来山上采些兰花，卖钱糊口。""不管是采什么，反正这里的一山一石、一草一木都是我们爷的。"另一个闭着一只眼睛的人怪声怪气地接着说："乖乖地把兰花留在这里吧！"话刚说完，大汉们便动手来抢，和尚抑制不住心中怒火，一抖袖子还了手，没过上几招这些貌似威武的大汉便一个个躺在地上直打哆嗦，连声哀号："饶命！"和尚使个眼色，小伙计们领会其意，他们回到山洞带上装有兰花的麻袋，趁着星夜，便在当日离开了天目山，投宿在杭州郊外的古荡镇一家客栈里。

俗话说："有缘千里来相会"，和尚及哥们数人与苏州的兰客盛阿关在同一个宿夜店里邂逅相遇，由于双方都是采兰人，一经交谈便异常热火，这时盛阿关向和尚说出了自己打算买他们所采的兰花，并要求先看一看货，和尚和那些小伙计当然十分愿意。

油灯下，盛阿关一一地细看了袋中兰花，他看到这些兰花的花蕊有银红壳的，有绿壳的和赤壳的，壳上大都都有疏而清晰、通梢达顶的筋

六七个腰佩朴刀的公差挡住去路，吆喝和尚快快束手就擒，和尚徒手与官府公差撕打起来。

纹，有的还有如云似雾般的沙晕，尤其让他看上的是那叶形宽、叶沟深、叶尖起兜、质硬肉厚、深色有光的八桩兰草。盛阿关心里明白，这种兰草并不多见，必属异品无误，不禁心中暗喜。他向和尚提出以十五个银圆的价格买下全部兰花。和尚听了也不讨价还价，便点头答应，生意就那么干干脆脆一拍成交。

盛阿关以低价得到了不少兰花佳品后一夜未眠，好不容易等到东方天空鱼肚子白时，决定不上天目山，带上刚买的兰花离开了古荡镇就直奔苏州，怕的是夜长梦多，万一和尚他们反悔了，追寻过来生出麻烦，所以三十六计不如以走为上！

却说莲心和尚数人欢欢喜喜分得了银圆，第二天上午也离开了古荡镇步行两天，走过漓渚后便上了吊煞岭，此时已是第三天傍晚了。突然他们被六七个腰佩朴刀的官府公差挡住去路，几个人七手八脚先把和尚身边的伙伴一个个用绳子捆了起来，然后对和尚吆喝一声："大胆毛贼，一个官府捉拿的钦犯胆敢伪装成和尚，快快束手就擒！"瞬间，在这寂静的夜里，和尚徒手与官府公差激烈地厮打起来，和尚且战且退，一直退到石壁的拐弯处。这时突然闪出两个黑影直朝他脸上撒石灰粉，和尚因双目失明终因寡不敌众而被擒。

几天之后，和尚遍体鳞伤的尸首被挂在吊煞岭的一棵大树上示众。人们从官府的告示里知道这莲心和尚是康有为的学生，文武双全，他是光绪己未二十一年（1895）参与赴京会试举人，是要求拒与日本人签订和约的130余署名人中的一员（历史上称"公车上书"）。光绪戊戌年（1898），由于光绪发动的维新变法受到慈禧的镇压而失败，致使那些署名人一个个惨遭迫害，这莲心和尚最后也未能幸免。

回过头来再说兰客盛阿关，他日夜兼程，返回苏州后把麻袋里的兰草一一地栽植在盆中后置放到屋前院里莳养。再把自己确认的那些佳品放在屋后小园里，没过半月，盆中兰蕊先后放花，有梅瓣的、有水仙瓣的，还有素心的……求购者和参观者多到几乎挤破他家的小屋子。光卖掉这批杂七杂八的花，他一下就得了五六百块银圆，而一些上品新花却仍留在家里不卖。

　　发财了，有钱了，盛阿关首先想到的是送卧病在床的妻子去医病。恰是应了"人逢喜事精神爽"这句俗语，那是个仲春的早晨，旭日从东方冉冉升起，雀儿们叽叽喳喳地欢唱着旋律优美的晨曲，此时奇迹突然发生了，啊！妻子竟一骨碌从床上爬起，慢慢地穿好衣服后试着下床走走，一步、两步……转去、回来……夫妻俩几乎异口同声地叫了起来"神了，神了！"妻子的病怎会不治而愈？这不就是大吉大利的好兆头！因此盛阿关给这盆放在小屋里的异品新花梅瓣取名"吉字"心想等来年再卖个好价钱。

　　第二年春天，'吉字'重放，即被苏州一位喜欢求新的盐商以二百块银圆买去，这对于盛阿关来说又是一笔不小的收益。就在这一年里，据说他还造起了新房子。

　　人们慨叹这人世间常有"牛耕田、马食谷"这种看来似乎不太公平的事。那真正的采兰人没有留下姓名，花了许多的神气觅得的佳品却只换得少量的报酬，最后还落个尸横荒野的下场。而那些轻巧地一转手的人，却能得到丰厚的收益。可是又有谁能够改变这种现状呢？所以最终只能长叹一声："生死有命，富贵在天！"

　　　　　　　　　　（本文素材由陈德初、诸水亭等人提供）

十三

老兰友佳节送幽香
小猕猴受恩知图报

——春兰佚名名品'猕猴素'的故事

　　绍兴老兰家陈德初先生，不但有着极高的养兰技艺，而且为人谦和，还能讲许多娓娓动听的兰花故事，常常有兰友喜欢去他家里坐坐。

　　那是 1988 年正月初八上午，陈先生正在屋里整理书籍，突然间他闻到一股兰香。哟，有兰花开了！他兴奋地走进兰室，心里琢磨着是哪盆兰花竟会这么早就放花？可是几乎盆盆看过却未见有开花的。正在愕然的那刻，忽然听到屋外响起"笃笃笃"的敲门声，他举步直向大门，嘴里连声地应着："来了，来了。""哎哟是您，恭喜恭喜。"原来是位七十余岁的高姓兰友携花来访。兰花发出阵阵幽香，真是客未见面兰香先至！他心里默默地估摸着：能放出如此香的兰花，该是棵好花吧？

　　客人进屋还未坐定，就急着伸手从篾条圆篮里捧出一盆兰花来放在客厅的八仙桌上，紧接着两人细细地欣赏起来：只见盆中兰丛有九草四蕾，全已舒瓣酣放，莛高三寸许，一字横肩，一眼看去如四个绿玉般的十字，花朵肌肤糯厚，三瓣圆头着根，瓣色浅绿，全白如意舌，分窠软蚕蛾捧，有几分'汪字'的气韵，娇俏洁净，亭亭玉立；其叶细硬而略带弯弧，质厚凹深。该是水仙型素心佳品。依花容、神韵看，着实要超过它的素心同类。老陈的心里真怀疑它莫非是仙人所赐？

彌
猴
素

老高喝着茶，带着一口浓重的嵊州乡音，跟老陈聊起关于这水仙型素心春兰如何得来的一段奇遇与经历。

相传在浙江诸暨市东北方，有个离城七八十里地的村庄，村里人大都姓包，从而自古便得名包村。这包村属会稽山脉与四明山脉的交界处，毗邻嵊州和绍兴，四面环山，丛林密布，山道崎岖，蛇蝎虫伏，猿啼狼嗥，环境荒僻，地势险要，古时就有陌生人进村后迷路或失踪的传闻。当年洪秀全的太平军被清军追剿退到包村，他们依靠包村"一夫当关，万夫莫开"的地形特点和包村人的有力支援，作过顽强抵抗，清军被太平军的火铳和村人自制的"檀树大炮"打得损兵折将，屡遭惨败，被激怒的清军头领咬牙切齿嗷嗷叫着："宁可放弃南京，不可不打包村。"太平军与包村人拧成一股绳，共同浴血奋战，整整坚持了五十多天的殊死抵抗，谱下了可歌可泣的地方诗史。

战后，所剩无几的包村人，有的被清军抓走，有的被就地立斩。整个包村幸存者寥寥，成了个阴森森、空荡荡，一片死寂的地方。直到若干年以后，才有人陆陆续续从各地迁徙来这里落户。

就在包村遭劫后的第二年里，有位原住绍兴漓渚山南周村的徐姓青年农民，因家里兄弟多口，无力娶妻，经别人介绍迁来包村一猎户家做"进舍女婿"（入赘）。从此他改姓为"包"并继承了女方家以狩猎为生的职业。岁月悠悠，转眼就四十多年过去了，这进舍女婿从一个虎背熊腰的青年变成了两鬓如霜、六十挂零的老人，不过他身子骨还算硬朗，仍不时上山操持旧业。一天，他带着儿孙等十余人，猎犬七八只，去深山里打猎。时过黄昏，突然寂静的群山里枪声响起，猎犬狂吠，野猪、黄麂等兽类吓得东逃西逭。忽然，老汉眼见有只野猪蹿进一个山洞里，他立即唤猎犬紧追入洞，哪知他们一入洞去，洞里竟传出"呜哇——呜哇……"一阵阵如婴孩的啼哭声，老汉听了顿时惊诧万分，木然地站在原地，百思不得其解。在这宁静的深夜里，突然他又见到两道刺眼的寒光从远处一棵高树上向自己射来，吓得那几只猎犬惶恐地躲在主人身后呜呜地叫个不停。老汉感到眼前这接连发生的事情可能是一种不祥之兆。他略作沉思后，立即下令：回家！

此后连续数夜，老汉躺在床上常是神情恍惚，胡乱看到许多人身兽面的怪物缠绕在他的床边，它们怒目瞪视，好像是来讨还血债的……就是这梦中幻景，终于使他意识到自己一辈子狩猎，实在是杀生太多，将来必遭恶报，为此他决心要弃枪务农。

由于这包姓老汉原住兰乡绍兴漓渚，在入赘前的十多年里，一直是与老一辈人上山觅兰或到外地去卖兰花。对兰花当然有一定的寻觅知识和鉴别能力。从此每到冬春农闲时节，老汉常独自一人或和几个后辈一起携带工具进深山去采觅兰花，待积多些时就运往大都市去卖钱。

一天中午，老汉等数人坐在路边一棵大枫树下吃着当作午餐的粽子、年糕、炒罗汉豆和装在毛竹筒里的自酿糯米新酒。突然他们听到树上发出一阵"窸窸窣窣"的响声，抬头一看：啊，一只猴子在树上攀来跳去。原来它看见树下的人在吃东西，实在嘴馋。老汉随手抓起几粒罗汉豆向猴子抛去，猴子敏捷地一一接住，咕嘟一下把所有的豆子咽进喉咙里，然后再一粒粒吐出来把外壳剥去，嘴里不断发出格格的咀嚼声。吃完了罗汉豆，它知道树下的人还有好吃的，干脆大着胆子从树干一溜烟下到地面，站在老汉面前，眨巴着的两眼里流露出孩子向大人要吃的那种神情。老汉又扔给他一个粽子，只见它稳稳的接住，立刻扯开粽箬，三口两口地咽下了肚。才吃完粽子，它又舔舔嘴巴活像一个胆小的乞讨者摊开双手，一对黄绿色的眼睛滴溜溜地盯着老汉，老汉给它喝了米酒，又给它一块年糕。可这一次它只喝了酒，把年糕捏在手里不肯吃掉。大概是因手上有东西，或是酒力发作之故，它不能再攀树前进，而是像人那样直立着身子摇摇摆摆地行走着。老汉和几个后辈不声不响，好奇地随后跟着。猴子虽知自己身后有人，却没有一丝儿惊慌。

几个人跟猴子一起来到一个石洞口，见洞子上方有一股流水泻落，还可听到哗哗的响声，真有点像《西游记》里的"水帘洞"那样。走进石洞，可见到洞壁上方悬空处有一个较大的石龛，上面可见一些树枝和干草铺着，有只猴子躺在那里，偎在它身边的是只比家猫还小些的猴崽，小家伙一头钻到妈妈的胸部吮着奶。瞬间，母猴见外面的那猴子回来，立刻蹲坐好，作出一种恭敬的姿态。那只从外边回洞的猴子忽儿嗖嗖几下，就从陡峭的岩壁爬上了石龛，它立刻把那块年糕给了正在坐月子的妻子吃。看到它们这种恩爱的情景，老汉心里感慨万千，原来动物之间也有如此之深的夫妻情、骨肉情！他进一步悟出了一个道理：天底下千千万万的生灵，应该都有生存的权利，它们应该是人类的朋友，人类要跟它们友好相处。想到这儿，老人叫他的孩子们把剩余的食物留在石洞里，然后大家悄然离开，准备上别的山里去寻觅兰花。他们走在山道上，回头眺望那个"水帘洞"，只见两只猴子坐在洞外一块凸出的岩石上，像是在目送朋友们远去。

接连几天里都是细雨蒙蒙，老天爷硬是把采兰人困在家里，直到第四天头上，天气转好。早晨，迟到的红日徐徐拉开了山间的雾纱，大地上处处是春光明媚。今天，老汉没带上儿孙独自来山上觅兰。时过正午，他不觉又来到路边那棵大枫树下，解开麻袋，伸手掏出一丛自己所挖的兰草，细细审视花苞形状和苞壳的苔彩，看过了一丛再掏出一丛来看……这本是采兰人小憩时一种特有的习惯，可是令老汉压根儿没想到的是大枫树上早有猴子等着他，老汉在树下细看兰草那么久，猴子竟在树上不声不响地也瞧了那么久。

正当老汉放下了手上的兰草，把它们一块块重新放进麻袋里，然后撩开棉衣襟，从腰带上摘下一个粽子作午餐，不料刚咬上几口就被从树上倏地溜下来的猴子伸手抢去。老汉惊讶地注视着：啊，是两只红脸猴子，其中一只背上还骑着个猴娃！甭去细想，十有八九准是前些天似曾相识的猴子一家。老汉手中的食物虽然被抢，但他不仅没有生气，反而觉得再次相逢是人猴之间的一种情缘，他想，大概是有了上回的相识，它们才敢伸手抢人手里的食物，可是在那个年月里有多少人能过上富足的日子？尤其是山里人家生活更是清苦，上山去干活的人当然不可能带有很多吃的。老汉见猕猴那么饥饿的样子，不禁又生起悯怜之心，他不假思索地摘下了腰间挂着的那只饭蒲包，把里边所有食物一股脑儿抛给了它们，自己就抽出插在腰带里的那支竹烟管，巴嗒巴嗒吸起旱烟来，再侧过头去看身边的猴子一家，它们正津津有味地吃着老汉所赠予的食物，让老汉看得打心底里感到喜欢。

响午早过，老汉正打算回家，忽然猴子摘来个花苞，蹿着跳着来到老汉面前，将花苞放在老汉的手掌里。

　　二猴饱餐了一顿，相互间吱吱丫丫地说了几句老汉听不懂的话，接着见母猴背起猴崽朝"水帘洞"走去，那只公猴却不肯离开老汉，它不时扯扯老汉的衣服，两眼望着前方黛绿色山头，哦、哦、哦！好像一个劲地在与老汉说："那边原始森林里有兰花，我带你去找！"

　　老汉领会其意，背起锄头，把麻袋系在锄柄上，跟着猕猴穿过一大片茂密的毛竹林，顺着渐高的山势来到一片生长着松树和杉树的深林地带。在这里，老汉从没见过长得如此茂盛的兰草，心里又兴奋又惊奇。这一丛丛兰草大都长在树木较为稀疏能透射进阳光的地方，而在树木挤挨得过密处反而少见。它们叶色油绿润泽，很是健壮，正处在含苞待放的时候。老汉知道采兰人的规矩，不能见草就挖，他总是要看一看，挑一挑，选出那些蕊头圆圆如指的或者是锣锤形的，才肯动手来挖。这时猴子也好似在忙忙碌碌着，一忽儿奔东一忽儿蹿西，总是一刻不肯停歇，它看到老汉弯腰躬背，寻找兰花时，自己也两眼望着地上，一步一顿头地来回走；看到老人挥锄挖兰草，它也寻根木棒学着一起一落挥锄的动作，可老半天啥也没挖起来。"哈……"老汉被逗得笑个不停。猴子见老汉脸上老挂着笑，自己也赶忙跟着傻笑起来，那布满皱纹的脸，红得像个喝醉了酒的小老头。

　　晌午早过去了，人影已向东边拉长，老汉的麻袋子里兰花已装了不少，他心想该回家了。忽然猴子摘来个花苞，蹿着、跳着来到老汉面前，将花苞放到老汉的手掌里，老汉一看这花苞圆鼓鼓胖墩墩的白绿壳，立刻引起了注意，细细地看这花苞壳薄质硬，半亮淡绿的壳色上绿筋条条，从基部直伸至尖顶，蕊端苞壳带皱且空。"好花，好花，准是好花。"老汉嘴里不断自言自语，手里却在轻轻地剥开花苞，他伸直手臂，眯细起双眼看了主瓣、副瓣、捧瓣等各个部分，除全白的舌色之外，整花各部分如晶莹的浅绿色玉石雕琢而成，没有一点瑕疵。不禁再次欣喜地自语起来："还是棵素心好花哩！"

　　此花长在哪儿？只有猴子知道。可怎么问呢？猴子又听不懂人语。刚刚高兴了一阵子的包老汉一时觉得没有了办法，他抬头瞥了一眼远处树底下的猴子，见猴子一动不动蹲在那里，怎么会突然变得斯文起来？

猴子的反常行为引起了老汉的警觉，他走过去一看，见猴子在兰草旁正在插一根小树枝，蹲下身一看，情况果真如此，老汉认准了几枝大杉树间丛生着的十几筒兰草，有六七个如自己刚剥视过的那种花苞，一样的形状，一样的壳色。"哎哟，大概这猴子插树枝是在作记号吧！"老汉一锄一锄轻轻挖着，唯恐折断了兰叶和兰根，所花下去的时间，几乎可翻好一畦地。老汉摘下头上戴着的"乌毡帽"，把这十几筒兰草放了进去，他背起锄头，系好麻袋，右手托着"乌毡帽"，与猴子依依道别，笑容满面地走出了茂密的深林，沿着早晨的来路往家里走，并亲自把帽里的兰草种在自家屋边那块朝东的山地里。

大约过了二十天光景，这丛兰草放花了，老汉悄然叫来全家人欣赏这冰清玉洁的素心花，并且告诉子孙们，这兰花非常珍贵，曾是一只聪明的猴子所发现，来得稀奇，定是仙人赐予。它可保家宅平安，福泽子孙，因此再三叮嘱幼辈，定要将它代代相传。为了感谢猴子的功劳，在后来的日子里，老汉每每上山去定要带上些吃的，并且总是做到见猴必喂，并称此花为"弥猴素"。

百余年来，包老汉的后辈们一直谨守祖训，致使如此完美的素心佳种竟无人知晓，更无人引种养植，甚至连个像样的名字都没有，它就是如此这般地默默无闻了一个多世纪，却不因无人识而不芳。高姓兰友因与包家是亲戚关系，才好不容易于1985年春，喜得此珍种数筒，由于他养护得法，已使这"无名小草"多次在自家庭园里放花。有关此花的这些内情，我们的高老先生竟也守口如瓶了那么多年！

（本文素材由陈德初、高德兴提供）

按：本故事里所介绍的品种'弥猴素'，据陈德初先生两次所转高姓兰友提供的摄影资料，审花：一帧拟为汪字素心花开品，另一帧拟为玉梅素开品。但高姓兰友否认为上述二花。审草：为叶形细短，叶质特厚硬的铁线叶，与'汪字''玉梅'之草确感有别，故特记存疑。

十四

小老板无意得名兰
杨祖仁公堂遭败诉

——春兰统传名品'杨氏素荷'的故事

这是个时空渐已远去了的故事，它发生在民国九年（1920）的浙东海滨城市宁波。市内有一条东西走向的大街叫中山路。在大街的东首开着一家"陈万记山杂货店"专营一些农业生产资料和生活日用品。老板陈永泰因年事已高，所以在几年前他已把店里的事务交给了儿子去掌管，自己只在店里管管账目，帮着料理一下杂务。

大年初三的早晨，红日涌起，宁波街头巷尾的人们沉浸在一片欢乐的节日气氛中，只见家家户户的门上贴着大红春联，还有那些写有"新春大减价"等字样的招旗，飘挂在各店门口和路边，时而还可听到远近喧天的锣鼓声和震耳欲聋的鞭炮声，好一派热闹的节日景象！

杂货店的小老板吃罢早餐，正当他打开"山杂货店"排门之时便遇上顾客来店。小老板暗自欢喜，这可真叫作开门大吉财源茂盛啊！顾客是位两鬓白发、年约六十左右的老婆婆，她精神矍铄地来到店里，挑拣了一筒青花短底瓷碗和一筒红花的高脚瓷碗，便从自己的斜襟衣袋里摸出个蓝印花布小钱包，按价付完了钱便匆匆离店而去。不一会儿她又转到一家叫"孟大茂"的茶食店挑些少量粒糖和几斤糕饼，让店伙计一一包好后算完账目正准备付钱，可当她伸手往自己的衣袋里摸钱包时，却

楊氏素荷

发现衣袋子瘪了，钱包没了，"哎唷不好！"她轻轻地叫了一声，赶紧再摸……这时只见她脸上神色紧张，两只枯柴般的手哆哆嗦嗦不知所措。她摸遍身上里外衣袋，可是钱包终究是不翼而飞了，哪里会再有它的影子？

急得老婆婆额头上沁出了冷汗，眼泪也扑簌簌落个不停。这是一年里全家人辛辛苦苦省吃俭用攒下的一丁点钱，今天竟这样一下子没了，回去如何向家里人交代？她无可奈何地仰天号哭、抽噎不止。那些围着看热闹的人有说这老婆婆自己粗心的；也有骂扒手丧尽天良，不该偷到穷老婆子那里去的……

就在这老婆婆万般无奈，痛苦绝望的当儿，忽见一位穿长衫的年轻人气喘吁吁地赶来，他挤进人群一看，果真是这位向自己买过碗的老婆婆，便一把拉住她的手，笑容可掬地说："老婆婆您别哭，您是在买碗时把钱包忘在我的店里了。"这青年正是"陈万记山杂货店"的小老板，他简单问清情况后就把这印花钱包还给了老婆婆。

这老婆婆丢失钱包万般痛心之际，突然自己的钱包又奇迹般地到了自己手上，一切都那么的出人意料。她悲喜交集、激动万分，刚刚还挂着泪珠的脸上顿时云开雾散，露出一片灿烂的笑容。打开钱包一一地点清包里的钱币，确认分文不少。她立刻用双手紧攥着这青年人的手说啥也非要当面酬谢不可。汇聚到这里来看热闹的人们知道事情缘由后，都以几分惊奇的目光称赞这位年轻人厚道积德。

原来这大清早当老婆婆来店买了碗离店后不多时，这小老板就在店柜上发现了一个蓝印花布钱包，他一思索：大清早打这老婆婆来店购物以后直到此刻，还没有来过第二位顾客，想来这钱包该是她所失落的。啊！此时此刻她没了钱包，不知会急成个什么样子哩！小老板的心里也非常着急。于是小老板把钱包的事向在内堂的父亲三言两语作个简述，还没等父亲回答就即刻拔腿到街上来寻找失主，他从街东一直向街西跑着，半路上见"孟大茂"门前人群拥挤，以为是发生了什么新鲜事，待他挤过人群走到店门口，一眼就瞧见那位老婆婆在仰天号哭。

却说这小老板把钱包还给了老婆婆后心里如大石头落了地，他长长

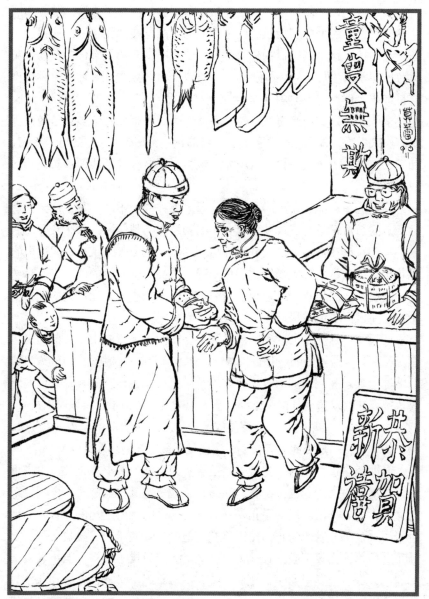

就在老婆婆万般无奈，痛苦绝望的当儿，忽见一位穿长衫的年轻人气喘吁吁地赶来……把印花布钱包还给了老婆婆。

地舒了一口气，几次谢绝老婆婆的酬谢即刻转身离开了人群，踏着和煦的春光，喜滋滋地向着街东走回店来。为了能早些回到店里，他拐进一条小巷，抄近路来到巷口的桥边，一眼看到不少人蹲在奉化兰农的兰花摊旁拣"落山兰"，心里顿时生起一个念头：我不妨也买丛回去种种，也算是追求个时尚吧！他并不懂兰花品种的好与差，只知挑得苗草健壮、花苞多些的就好。说来奇怪，他的手就像生了眼睛似的，虽然是随便拣出一块来看看，却有三个一色的绿壳绿筋花苞，型大如莲子，叶子矮短、油亮、宽阔，卖花人出价为八个龙纹铜板，小老板付了钱便撮起兰草撒腿就走。

回到店里，他先挑个中号泥盆，里里外外洗个干净，又找些绍兴老酒坛上的黄泥帽子打碎成罗汉豆大小的颗粒作为植料来栽植，栽好盆后就把它们置放在店屋后的天井里养植。约莫过了十来天工夫，泥盆里的兰花相继绽放，它花大瓣厚，颜色翠绿半透亮，全白色的圆舌，不时送出一股股沁人的异香。小老板乐呵呵地端出来把它放置在店堂的柜台上做个时尚摆饰图个吉利。

一天有位嘴上蓄着胡须的老汉和另一位四十来岁的中年人偕同来店里买花盆，巧遇柜上的兰花香气浓郁，他看到此花叶质肥厚，叶形弯弧，叶端部内勾起兜，短圆而收根放角的花萼上布满白色苔彩和翠绿色的脉纹。蚌壳状的双捧下伸出一个纯白色的大圆舌，他情不自禁地叫出声来："哎哟，宝草，宝草啊！"接着便放低声音对同来的那中年人说："这是荷花新种，花品是如此富有神韵，实在是千载难逢啊！"

随即他扭过头来对小老板说自己要买泥花盆，要求多拿几只出来可以让他挑选一下。老汉抓起花盆逐只看了盆里边又看盆外边，再翻过来看盆底，还要伸出自己的手指弹弹盆子，侧耳听听所发出的声音，他挑过了一叠盆子又要小老板捧出另一叠让他挑，弹完了第二叠盆子，还要让小老板再捧出第三叠来让他挑……老半天里只挑了五只，但小老板十分耐心，最后把五只盆子捆扎成一叠，用稻草绳牢牢地捆扎好。儿子如此周到地对待顾客本是好事，可是坐在内堂里的父亲却看得肚子里生起暗火，他心里在骂："这东西大概是墨水喝得太多了，神经兮兮的。"便带有几分奚落的尖刻话嗤笑老人："先生真会说笑话。几个铜板的野草花怎会是宝？大概先生的眼睛与众人不同，石头都成了黄金！你要不要买？一块洋钿卖给你。"

老先生听了这话，也一下激动起来，他停住刚跨出门的脚，架在鼻梁上那副下垂到眼睑的老花镜上端露出两颗瞪得圆圆的眼珠子，他重回店内，摆出一副要论理的架势，用手点着柜上的兰花说："这花瓣短、宽、圆，就像一朵小荷花，既素又荷，你懂不懂？"接着就从衣袋里摸出一块银元当啷一声丢在柜台上说："好，我就买了。"

小老板见两位老人斗起嘴来，赶忙说些好话相劝："老伯，新年新岁的，抬头不见低头见，都是自己人嘛，别伤了和气。"他把那块银元放回老汉手中，又抓起捆着绳子的花盆，直送两位客人走了很长一段路。老人的气才慢慢地消了，他捋捋嘴上的胡须，咳嗽几声，提高嗓门边走边唱起来，"哎哟三两黄金一筒草啊，懂的人称宝，不懂的人叫草。可惜啊，这宝怎会落到那个'猪头三'手里？"

俗话说：没有不透风的墙，"陈万记山杂货店"里种有素心荷瓣兰新种的消息，几乎是在一天之内传遍宁波那些养兰人的耳朵里，就在当天下午，山杂货店里来了人称兰花巨子的杨祖仁。他是大名鼎鼎的药店老板，光在宁波药行街上就开了六爿药店，当然钱财颇丰。杨祖仁一生钟情兰事，总是有"新、奇"必猎，他听人说宁波出了新荷素，喜出望外，就在几位兰友的陪同下赶来中山路东区寻找"山杂货店"的老板。

在"山杂货店"里，两位老板相见并未作自我介绍，就直接赏起花来，杨祖仁见到柜台上的兰花叶厚质硬，叶形稍带有扭；翠绿的花色、厚糯的肉质，紧边的短阔瓣中一个全白的大圆舌，心里实在赞叹不已。老板陈永泰早听说宁波的药行大老板杨祖仁是个非常爱兰的人，自己却佯装不认识，他要等杨祖仁先开口。一等两等杨祖仁终于耐不住性子首先出价，愿用十块大洋买花，随后又是把钱一加再加，最后出到三十块银元，陈永泰还装着一副舍不得的样子才勉强点头同意出卖。

杨祖仁把这素心新荷带回家里，脱盆、剪花、洗根、修整后重栽，并细心地做好养护工作。当年秋天，它便起了花蕾，在来年的春天里放花了，宁波的和外地的兰友纷纷来杨家欣赏：这花是短圆的外三瓣，纯白的大圆舌，具绿色筋纹的浅蚌壳捧，给人一种清新淡雅、细腻秀美的感觉，一荷本已难求，竟然还是素心的，真是贵中之贵了。杨祖仁认为它是春兰中难得而又难得的珍贵品种。为了突出素心荷的含义，杨祖仁为它取名'杨氏素荷'，有意把通常之称的"荷素"改成"素荷"，以突出其花与众不同，素品的可贵。

宁波出了新花"素荷"的消息不断传播，引来了一位在天津发迹的宁波籍大老板陈定义，他直接来找杨祖仁商谈欲购此花事宜。同为爱花人的大老板与大老板，互相洽谈起来气氛甚是不同，谈到后来竟会以家产作交换，陈定义愿以在宁波江北杨善路的一座祖传老宅为代价交换'杨氏素荷'，顿然使在场的人听得目瞪口呆，因为那陈家老宅是庭园深深，有假山、有花园、有池塘，房舍楼阁更是连片的多，就是对于宁波所有的富商来说也是极其少有的豪宅啊！

双方经商量妥当，就立即请人写了合约字据。这字据上写清了：以陈氏祖传大宅院作代价，交换杨祖仁的一盆'杨氏素荷'兰花，并一次性买断品种，明确规定此后杨祖仁永世不得再拥有此花，双方如有违反，愿承担法律责任、赔偿经济损失等具体条款。经双方当事人及中人签名盖章，即日生效。杨祖仁把'杨氏素荷'在中人监督下当场交给陈定义，陈定义收下后即行脱盆清理和包扎装妥收下，并把自己老宅的地契等一并交予杨祖仁。几天来，陈定义心里一直充满着独自拥有兰中瑰宝的快意，接着便着手安置老宅院内不愿去北方的佣人，拟把其余佣人直接带往天津。

却说杨祖仁考虑到自家院子的环境比不上陈家大宅院好，不久就把自己所植的一千多盆兰花统统搬来陈家大院里莳养，并把原名"陈家大院"改称为"杨家花园"，又派年轻佣人张培元专门从事兰花管理工作，据称那天写字据时他也在场。客人走后，他在清扫地面时发现有几个虽无叶子却圆大新鲜的老芦头，心里感到可惜，便捡来焐在一个小号泥盆里，想不到当年梅雨季节时就冒出来几个新芽，特别翠绿，经过几年的复壮后就复花两朵，清净脱俗，气韵高洁，有让人一眼瞧见就会聚焦定格于它身上的魅力。

可是天有不测风云！人生中常会有些连做梦都想不到的事情稍有不慎就会发生，轻则带来困惑，重则改变人生。就在'杨氏素荷'再芳的时候，有位原在陈家大院作过花佣的奉化人潘元良，来到他本就熟悉的杨家花园，要找当时给杨祖仁当花佣的同里好友张培元，无意中发现了这盆'杨氏素荷'，他看在眼里记在心里，不露声色地离开这故地之后就写了封信，把杨家尚栽有'杨氏素荷'这情况告诉了在天津的老东家陈定义。陈得知此消息后深感自己上当受骗，气便不打一处出，这可是整整一幢大院的代价啊！他立刻赶到宁波请了律师，当面与杨祖仁进行交涉。开始时杨绝口加以否认，后来在对方再三追逼下只好答应要求，一道去兰圃实地查证，但杨祖仁也同时向对方提出警告：如查无事实，该负的可不是一般的责任！可是到了兰圃里，果然一眼就瞧见了这盆开得十分醒目的'杨氏素荷'。

在人证物证面前，杨祖仁羞愧得无地自容，哑口无言。杨氏违约既成事实，陈氏即先后送诉状至市、省两级法院，法院调查审理认为："此事系管理者花佣所为，被告人并不知情，诉讼违约理由不足，不予支持。"陈定义怀疑杨祖仁在私下打通"关节"，当然不服判决，直告到南京中央法院，中央法院开庭进行审理，向当事人提问："即使此事开始时纯系花佣所为，但此后数年里直至开花，本是天天要去花圃看花的当事人，难道会一次都没进过花圃？难道真的一点都没有觉察？"杨祖仁无言以对，承认理亏。法院判陈定义胜诉，令杨祖仁把所留'杨氏素荷'全数归还陈氏，不得再留下一株；另再赔偿款银三千两，次日即当面交付陈氏；并判本案诉讼费全部由杨氏承担。杨祖仁大感丢失面子，又悔又恨，回家后气得生了一场大病，半年之后才慢慢地好起来。

1949 年全国解放了，不久政府实行对资本主义工商业的社会主义改造，杨祖仁的药店当然要公私合营，他理所当然地成了赎买政策的资方对象，在严峻的政治环境下，过去的那种所谓舒心日子就一去不再复返，他和他的后辈人无法继续坚持养兰。从此杨家的兰花和杨祖仁本人一起就逐渐地衰落了。而这个曾被爱兰者苦苦追求、十分来之不易的'杨氏素荷',因早已被日本兰家高价买去,才没有绝迹。后来此种又从日本返销国内。但老一辈人说返销的'杨氏素荷'在花品乃至株形叶形等方面都与原来的有些差异。其中还有些是叶形花形有些相似的另外一个品种'杨子素',它被兰贩们李代桃僵地当成是'杨氏素荷'。见过真货的人都知道真正的'杨氏素荷'花梗高,萼瓣短阔而收根放角,颜色如翡翠,气韵更是高洁不凡。绝非是那些短梗小花的荷型素心花可以相比的。

（本文素材由陈德初、赵令梅等人提供）

十五

保梅兰和尚赌性命
苦寻求元吉回故里

——春兰传统名品'元吉梅'的故事

在浙江西部，有一个古老的县城兰溪，那真是个一弯溪水碧盈盈、两岸青山送兰香，富庶而美丽的好地方啊。历史告诉人们，兰溪人自古爱兰、采兰和养兰，有不少的兰花故事至今仍流传于民间。

相传在明朝正德年间（1506—1518），兰溪城西兰荫山上的兰荫寺佛殿里，供有一盆皈依佛门的弟子从山上采得的春兰，它的外三瓣端圆，好似梅花，叶绿花翠，婀娜迷人。正因为它形似绿萼的梅花，所以当时寺里的和尚们都唤它为'梅兰'。

有一年春天，'梅兰'放了花，正值明朝皇帝武宗（朱厚照）来江南畅游，他听说兰溪的兰荫寺里有盆世上独一无二的'梅兰'，很感兴趣，传旨给兰溪县衙："朕要亲自御览'梅兰'，并拟带回北京赏玩。"消息传到兰荫寺，真使寺里的住持僧急得如坐针毡"这'梅兰'可是本寺的镇寺之宝啊！怎么说拿走就拿走？"

和尚们各自献计：有说放到屋顶上的，有说藏进柜子里的，正当大家七嘴八舌讨论尚未有个结果的时候，寺门口突然有人高声呼叫："皇上驾到！"这可怎么办呢？老和尚正在着急万分之中。一个小和尚开口说："师父，井壁周围的石板底下，不是有一条空穴（排水沟）吗？那天我曾

元吉梅

看你在那地方藏过一只小木箱，把'梅兰'藏到那里又省事又保险。"一时正拿不定主意的住持僧听了，赶忙捧上'梅兰'跑到寺院后门，他使劲扳开一块井边的大石板，把兰花藏进井壁空穴，迅速又把石板盖回原处。他连气都没喘过来又急匆匆赶到寺门口去迎接皇帝了。

正德皇帝在侍臣们的簇拥下，威风凛凛地来到兰荫寺前大殿，面对住持僧劈头就问："那'梅兰'在何处？快端来让朕瞧瞧。"住持僧赶忙下跪："启禀万岁，'梅兰'乃小寺种在山上的兰花，恕贫僧唤弟子去取来。"说完，他用兰溪方言轻声对两个和尚说："随便到寺边挖上几株带花的，栽到盆里就捧来。"

不一刻，两位弟子恭恭敬敬献上芳香四溢的所谓'梅兰'。立时，武宗闻到这沁人肺腑的兰香，闭起双眼仰首赞叹："啊！果真是馨香可人呐！"生长在北方的他，对于江南兰花实在所知甚少，一下就被住持僧给蒙了，竟没作任何追究。

皇帝步出前大殿，沿过道进入后大殿绕上一圈稍作浏览，就径自转到寺后门外的菜园里，他跨步来到一口井边，随意探头对着井潭作镜照照自己的龙颜。突然鼻子里送来一股浓浓的兰香，感觉到这兰香是从井里透出，转身便问住持僧："这是怎么回事？难道井水里也种'梅兰'？"住持僧大吃一惊，暗自想：这'梅兰'不就正好在你脚下！他窃思，万一被发现，那可犯了欺君之罪，要杀头的！再一想，出家人本不该打诳语，可今天实在是骑虎难下！今天洒家只有以头作赌注了，便壮壮胆说："启禀皇上，这兰荫山上处处种有兰蕙，不但井水有兰香，就连这里的泥土都芳香几分哩。所以自古这井就称作'兰井'，一年十二个月里，它几乎都散发兰香。"住持僧嘴里说得天花乱坠，全身却不免打着哆嗦，他定一定神接着又说："喝了这井水可以清心，可以明目，可以健腰，可以固肾……"这时武宗口里正感到有些渴，一听便说要尝尝这井水：他喝下一口呷呷嘴说："嗯，这井水不但清凉微甘，且确有兰香。"不由再赞叹一句："真是兰荫深处有奇香啊！"皇帝这一赞，赞得侍臣们也争着来喝，你一碗、我一碗的，虽然他们感觉这井水只有清凉，并无兰香，但为了迎合皇上，竟一个个都说："嗯，又香又甜。""又甜又香。"

其中有位白发老侍臣更是一口气喝了三碗，他捋捋嘴上的胡须，晃一晃脑袋，也学着皇帝的腔调唱："真是兰井深处有奇香啊！"嘿！皇帝说的是"兰'荫'深处"，这老匹夫竟敢改说成"兰'井'深处"，岂不是胆大包天在篡改皇帝的话？侍臣们听了一个个转过身来，用手抿着自己的嘴哧哧地笑。却只有这位住持僧不但没笑，反而头冒冷汗，心里多添了几分不安。他认为这老侍臣也许已知兰井深处藏有兰的秘密了！故意换个字其实是话中有话。这时武宗皇帝心里愉悦，没有注意那些话的细节，而是唤侍臣送上笔墨，便在寺边一块较平整的岩壁上直接挥毫就书，但由于石壁面积较狭小，只写上"兰荫深处"四个大字后就没了空间（此石、此字今犹在），无法再续写"有奇香"三个字。他灵机一动，随手写行小字"正德十五年桂月十五日题"作为落款。

折腾了一阵之后，皇帝终于下令启驾开船，临走带去了刚采的一盆假'梅兰'和一桶井水，欢欢喜喜地离开了兰荫寺。'梅兰'总算保住了，住持僧那颗咕咚咕咚如打着拨浪鼓的心才算如释重负了。

时光在岁月中流逝，朝代在战火中改换。兰溪的一切都在变，惟兰溪人对兰花的钟情和热爱却始终未变，先人爱兰的故事总是激励着他们继续去苦苦寻觅兰花。那是民国四年（1915）的春天，正是群山争翠、草木竞秀的时候，兰溪下陈乡有位叫陈元吉的民间医生，他不仅精通医术，也非常精通兰艺，常常利用上山采药的机会觅兰采兰。每到兰花飘香的时节，他更是频繁地往山里去寻找'梅兰'。但是无情的岁月不因人生易老而停住脚步，不知不觉中陈元吉已近了花甲之年，而心中要追求的'梅兰'却仍如水中月、镜中花。早晨曙色初露，陈元吉早早起床，背起竹篓和绳索，顺着弯弯绕绕的山路直奔向多有兰蕙生长的岩坞。这里的群山海拔虽高，但山势并不很陡，石头边、竹根旁，多能见到成簇的兰蕙，可是它们都不是'梅兰'。

时近中午，自感困倦的陈元吉放下背篓，唉声叹气地一头倒在大树下的一块岩石上。不一会儿，睡着的他仿佛自己来到了兰荫山，山岩上"兰荫深处"四个大字清晰可见，这不就是那块自己从小就熟悉的石头吗？就在这块岩石边，他发现了一丛朝思暮想的'梅兰'，那基部紧收的圆头外三瓣，端点似有尖锋，沿瓣边环绕着一圈白线，蚕蛾兜的软捧里半露出个带一点红的刘海舌。他欣喜若狂，用尽全力喊叫："我有'梅兰'了！"这一喊，惊出了兰荫寺里的老和尚，和尚看了看花，笑嘻嘻地对陈元吉说："施主所得之兰，正是当年武宗皇帝所未能得到的真'梅兰'，是宝贝啊！"

陈元吉攥着这么多年渴望的宝草走下山来，路边的人见了，都投以羡慕的目光，也有人拦住他，愿出高价求购。陈元吉说："就是给座金山也不卖。"……忽然他遇到一只老虎拦住去路，蹿出两只爪子一下就拍住了陈元吉的胸脯，"救命，救命！"陈元吉终于惊醒过来。他喘过气来睁眼一看，见自己两手放在胸脯处，仍好好儿躺在石头上，才意识到自己刚才是白日里在做兰花梦。

月缺月圆，岁月年年。转眼已是民国五年（1916），春天又重回人间，这正是兰花放香的时节，兰溪下陈乡和邻近一些地方却相继发生瘟疫，尤其是那些年龄在十岁上下的孩子，最易染上此病。生了这种病，数天高烧不退，不吃不喝，两颗眼珠子看去如煮熟的田螺肉，显得无神。最后是四肢抽筋而死。陈元吉却以自采的中草药治愈多人，于是求医者日多，草药便常显得不足，为此他上山的次数要比以往更勤一些。

一天，他与儿子一起来到"青竹尖"，这是金华与兰溪交界的肇峰山的主峰，海拔千米左右，山势高峻，环境冷僻，四周分布着许多悬崖峭壁，那地方名贵草药生长虽多，但必须用绳索缚住人的腰部，悬垂到崖壁上才能采到，非常危险。陈元吉年岁虽不小，但体魄壮实、四肢灵活，在儿子的配合下，身子轻巧地飞落到一个朝东南的石嵌上，这嵌里泥土乌黑，潮润而不湿。青木香、马兜铃、金银花、半夏、沙参等许多草药混生在小竹子和灌木丛间。就在他采药的地方，他发现了枯树桩上长着一朵大得罕见的灵芝，像一把撑开的小伞，上面的纹理似一圈圈卷曲有变的深棕色浮云。陈元吉正紧捏"伞柄"，使劲掰落的瞬间，突然鼻子里闻到一股浓浓的兰香，头脑顿觉兴奋，他随香稍一寻找，便发现了有丛兰草躲在眼前几株小竹间，那秀气的弓形叶几乎与伸出的浅紫色花莛等高，花的三个外瓣，圆头细长脚，一字肩，半硬棒，白色小如意舌

那地方名贵草药生长虽多，但必须用绳索缚住人腰部，悬垂到崖壁上才能采到，非常危险。

上一个艳丽的红点，活像孩童脑门上眉宇间的胭脂小圆点。"啊，今天眼前所见可不是梦，而是实实在在的'梅兰'！"陈元吉喜得眼里飞出泪花。他用所带的小药锄挖起兰花，脱下身上小褂把它包好放到背篓里。眼看草药也采得差不多了，于是他吐口唾沫搓搓手掌，抓住绳索，与儿子打个招呼，便慢慢从崖下往上攀登，然后收起绳索，在晚霞中踏上了归途。

回到家，陈元吉连水都顾不上喝一口就先给这新花上盆，并在当晚就给这新花取名为"元吉梅"，以纪念自己一辈子的梦想成真。

兰溪出了新'梅兰'。这个消息没过多少天就传到当时的兰溪县长饶慈铭的耳朵里，这个道貌岸然的家伙却是明里当官，暗里做尽伤天害理的坏事。他利用兰江运输线勾结洋人贩卖烟土、枪支和古董。因此人们一见到他都会嗤之以鼻，在背地里有的叫他"要死命"，有的唤他"尿屎瓶"。

那天，饶慈铭正躺在榻上抽"福寿膏"，一个内勤来报："大人，我们兰溪又出'梅兰'了！""什么梅篮、竹篮？去去去！莫明其妙。"侍从讨个没趣，随即离去。直到有一次饶慈铭到金华与洋人会面，酒席宴上有个叫本田的日本老板比划着手问他："你的兰溪的出了好兰花，听说叫'元吉的梅'，嗬，这花大大的好，我的行交行交。"一开始饶慈铭如丈二和尚，经回忆才想起：噢，一年前曾听手下人说起过此事，是自己把他硬的喝退了。便赶忙点头哈腰说："你就放心，一定办到。"饶慈铭知道了，要是能把这'元吉梅'搞到手，日本人给的好处该有多少！那就甭说了。可怎么个拿法呢？饶慈铭煞费了一番苦心，与幕僚商量决定先礼后兵。

饶慈铭回到兰溪，派个内勤，随带几瓶"谷溪春"（当地的传统名酒）作礼物径往陈家，一进门内勤就满脸堆笑地说："我们县大人看上你的'梅兰'，愿出钱向你求购。"陈元吉虽知来者不善，但也彬彬有礼："县大人要我这种小草，这是我的幸运，愿整盆奉送。"说完，立即顺手捧起一盆，放到勤务兵手上。待送走"客人"后，陈元吉回屋沉思起来：看来这'元吉梅'准已难保，得快快转移才是。当天晚间，他就让儿子把它送到岩坞舅佬家里。

饶慈铭一看内务捧来兰花，以为自己的计谋得手，十分得意。但他再一想：这草既然有那么贵重，这个姓陈的怎会如此大方相赠？不对，其中是否有假？他连夜派人将兰花送去金华，让本田去作鉴别。本田仔细看了兰草，接连摇头说："不行格，不行格。"因为他知道几乎所有梅瓣春兰，其叶必是弯垂形，芽色必是白底红筋泛红晕（十梅九出银红窠），而眼前的兰叶细软无力，芽色晦暗不鲜。便让送来者重新带回，并捎一信要他同时送交饶县长。

饶县长慈铭先生阁下：

派人所送的兰花，经细审其叶和芽，断非元吉的梅。今仍原物的奉还。朋友的交往，赖信誉的为重。阁下若寻到的真货，定当厚谢。

顺致

亲善共荣的礼！

山田多喜二　即日

却说饶慈铭看过洋大人的信，心里顿生怒火，这个姓陈的果真狡猾。他突然在桌上猛拍一掌："我就来它个秋风扫落叶'连锅端'，看你胳膊拧得过大腿不？"终于等到了春天，趁着兰花盛开时，饶慈铭招来四五个警察，要他们立即赶往下陈乡，以盗窃国宝的罪名将陈元吉拘捕，并宣布将所有兰花"充公"。几个爪牙七手八脚把所有兰花一盆不留地全部搬走，据说整整地拉走了一大汽车。

第二天饶慈铭自感得意，他认为'梅兰'应当也定在里头，他邀请本田专程亲来兰溪，让他在这兰花堆里寻找'元吉梅'。但花了一整天时间，几乎盆盆都细细地看过，却仍然没有发现有'梅兰'。噫，这就怪了，饶慈铭百思难解其中奥秘，他又自言自语起来："难道这'元吉梅'真的飞到天上去了不成？"接连几天，却仍想不出个好办法。贴身心腹进言："很可能是陈元吉早就把它藏起来了。想当年兰荫寺的那'梅兰'不是也被老和尚藏了起来，然后用花言巧语骗过正德皇帝的吗？"说完，他又在饶慈铭耳边轻语几句，主张对陈元吉采用苦肉计。

数天之后，几个背着长枪的"黑狗子"在乡长的带领下凶神恶煞地来到陈家，他们一把抓住陈元吉的儿子，"咔嚓"给他套上手铐，恶狠狠地对陈元吉说："你的儿子多次逃壮丁，这次再也跑不了啦！"在恶势力面前，孩子妈痛不欲生号哭着在地上打滚，她怒斥乡长："交壮丁费，我一文没少过你；交壮丁米我一粒没欠过你。你们凭什么理由抓人？"她抱住儿子的腿，不让"黑狗子"带走。两个"黑狗子"过来用脚踢她，用枪托打她，直打得她遍体鳞伤，当天夜里就气绝身亡。乡亲们看着这惨景，流下了同情的眼泪，但是在恶势力面前，他们要想帮忙实在也无能为力啊！

为了几株小草，妻子被打死，儿子被抓走，陈元吉强忍着愤怒与悲痛，始终未掉一滴泪。乡长最后通牒："限四天之内，用'元吉梅'来换儿子。"陈元吉面对凶顽，始终没有说出'元吉梅'的下落。好心的人偷偷来跟陈元吉说："拉倒吧，几株小草给了他们就没事了。"陈元吉瞪着眼珠子说不出话。

有位叫倪敬之的名兰家，是陈元吉的挚友，一天夜晚，他冒着风险来到下陈乡找陈元吉商议："这新花是兰中珍宝，我们理应全力保护，想来想去只有一个办法，由我负责秘密送往杭州'九峰阁'吴恩元先生处，不知你可放心？"陈元吉听了点点头欣然同意。在此同时，远近乡里曾得到过陈元吉帮助的那些人也在商量着营救他儿子的行动，几位血气方刚、练过武功的青年，趁着夜深人静之时，潜入兰溪县府，救出了陈元吉的儿子，当夜他们就离开兰溪，后来又辗转来到开化县的古田山，在当地老乡帮助下到江西投奔了共产党的游击队。陈元吉本人因内心痛苦难以解脱，慢慢变得木讷起来，有人说他真的傻了，也有人说他是假痴不癫，要不怎么还能偷着为邻里人看病？在此后的大半个世纪里，'元吉梅'在国内已是无声无息，有人说它早就绝种了，也有人说它还是被日本人拿去了。

就像孩儿离开娘亲，为娘的总会时时牵肠挂肚惦念亲骨肉那样，兰溪的爱兰人一直在寻找'元吉梅'。他们一声声发出内心的呼唤："元吉梅你在哪里？"1984年秋，有位出身艺兰世家的许焱先生，从沈渊如、沈荫椿编的《兰花》一书中看到一帧'元吉梅'的兰照，勾起了他寻找

'元吉梅'的希冀。后来他又根据《兰苑纪事》里所述龙颜法师植兰之事，亲自赶到无锡龙颜法师曾经生活过的那个寺里寻找'元吉梅'的踪影……可是他虽苦苦寻觅数年，仍是一无所获，失望而归。

2000年春，第十届中国兰花博览会在杭州举办，许淼先生在千盆展品中发现了湖州有盆'元吉梅'在参展，顿时浑身热血沸腾，这可是我们嫡亲的兰溪珍品啊！特殊的乡情、兰情使他站在那里一直都不舍离去，他心中生起引种的念头，久久地徘徊在'元吉梅'旁边，希望能与参展者见面洽谈，可是直到兰博会结束，还是没能等着。许淼发了急，他决心不放过这一机遇，非把这真正代表兰溪的品种引回不可。为此他专程又北上湖州，求兰友帮忙。在多位兰友的帮助下，终于找到了这位莳养'元吉梅'的主人。许先生向他介绍有关'元吉梅'的历史和自己的愿望。这位兰友被许先生寻觅'元吉梅'的执着精神所感动，终于答应出让。许淼终于得到了'元吉梅'，十分高兴，把它视为珍宝，向它倾注了无限的爱，他要让'元吉梅'在中国兰花的故乡——兰溪兰花村里扎下坚实的根，并不断绵延壮大。

'元吉梅'的历史，给人有太多的隐痛，但我们深信未来续写的将是它美好的故事。祝福你'元吉梅'！

（本文素材由作者在兰溪兰花村采访许淼等兰友所得）

十六

亲兄弟觅兰致大富
谢佛爷归途再得宝

——春兰传统名品'笑春'的故事

　　明人冯京弟在所撰《兰史》里，专门把杭兰单独写在"本纪"里，足见杭州一带山上的兰在兰王国中地位是何等的显赫！早在明代初期，杭兰就已名闻遐迩了。

　　话说民国七年（1918）的正月中旬，一个天气晴朗的早晨，红日正喷薄而出，望东方天空，分外艳丽明媚；听远近山鸟啁啾，更感几分空旷清幽。这天杭州西南山里来了两个采兰人，哥哥叫王阿堂，年约三十一二；弟弟叫王阿坤，年约二十七八。他俩随带些粽子和霉干菜，沿着九溪十八涧缓缓上山，到了山上，随着山势逐渐增高，就能看到松树、杉树稀疏地分布在山间，时而鼻子里也能闻到兰香了，这时候兄弟俩就开始认真寻找起兰花来，可是一直寻到正午，不仅没有发现细花，连行花都很少能见到。兄弟俩吃了几个冷粽子，再从小包里掏些家里自制的霉干菜萝卜干之类咸咸嘴，便简单结束了午餐。稍作休息之后，他们又细心地寻找起兰花来，不知不觉间已是日落西山，这一天里他们什么花都没有寻到，但他们习惯了这种境遇，心中依旧释然，哪能天天都碰上好兰花？随后接连几天都是阴雨绵绵，小山村沉浸在一片雨雾之中，兄弟俩只好住在山农家里，耐心等待着晴天的到来。

笑春

数天之后，终于雨止天晴，兄弟俩心情特好，这一天，他们仍沿着九溪十八涧两边的山上去寻觅兰花。这一带山峰众多，竹林、松林一片新绿，随着他们不断进入纵深，开阔的山头也变陡起来，但同时兰花也多了起来。阵阵清风吹来，不时使人感到兰香沁人，才一会儿，弟弟先在竹根边找到了一块素心春兰，这草油润光洁、短阔糯厚，共有六桩，正开着三萼稍有收根放角，白圆舌，淡黄鼻，剪刀捧心，浅绿无瑕的全素花二朵。新年伊始，这荷素是他们的第一次收获，兄弟俩当然是分外高兴。在以后的几天里，他们的足迹遍及棋盘山、寿星头、上天竺一带，陆续寻觅到少量的"蝴蝶"等佳品。

按照往常惯例，兄弟俩将去余杭湖墅，把自己所觅新花出售给"九峰阁"兰园，今天他们刚走到拱宸桥时却因巧遇一位头戴礼帽、身穿蓝缎子马褂、黑呢长衫，看去约五十来岁、非常体面的吴辅臣先生而临时改变了目的地。吴先生也是当时杭城的一位知名兰家，他一眼瞧见戴着乌毡帽的两个年轻人肩上挎着个装着兰花的竹筐，便知是绍兴的采兰人，就主动上去和他们交流，邀请兄弟俩去卖鱼桥自己家里叙谈。三人到家后，主人先仔细地察看各花，有素荷、有外蝶，还有一块是蕊蝶，随后双方经对兰价磋商一会儿，吴辅臣以80块银元买下了兄弟俩带来的所有兰花。

王氏兄弟回到留下之后，又是接连数天都在九溪十八涧的山里寻找兰花踪迹，因为他们深信这一带山上还有好花，兄弟俩商量今后若能采到好花，必先去余杭。但尽管他们早出晚归十分辛苦，好花却总是一无所获。哥哥提议不如再去天竺山，因为前些天所得之花，几乎都是在那山间里发现的。就在当天傍晚，他们果真又发现了一块四桩多瓣多舌的异花，因没有见过这类花形，兄弟俩更觉得格外新奇，心中偷偷地乐着，一定可以卖个好价钱了！可是令人难以想象的事随后就跟着发生了。

说起水，上山觅兰的人几乎都只有带吃的，从来没有人会想到要带水上山去喝，因为那时候山上总是可以找到泉水，何必加重自己肩背上的负担？今天已是整整一个上午了，兴奋一阵子之后的兄弟俩才想到要喝水，可是他们压根没有想到的是这名字称作"九溪"和"十八涧"的

这山洞越往里走越大，倒挂的石头像一支支宝剑……弯变曲曲、高低错落，简直没有尽头。

地方，竟会找不到一口小小的山泉。人呐口渴起来的滋味呀，真比挨饿还要难以忍耐，两个人顿时渴得连手脚都软了下来。他们找呀找，好不容易发现了一个小山洞，看见那湿漉漉的洞口，不时有小水珠落下滴答作响。虽然他们有几分好奇，但急切想解渴的愿望驱使着他们立刻就猫起腰钻进了山洞。

啊！这山洞越往里面走就越大，头上倒挂的石头像粗细不一的宝剑，循着幽暗的光线望去，弯弯曲曲、高低错落，简直没有尽头，又借着微弱的光见到脚下有条清澈的小溪，一些头上会发光的小动物在水中游动着，偶尔见到一些像长尾巴的四脚蛇（蝾螈）在浅水处爬动着。兄弟俩无心细看，急忙蹲下身来用双手作瓢先把水喝个够，接着又漫无目的地往洞内走上十几步路，却因没有灯光害怕迷路，不敢再往里边走。来到拐角暗处，耳边只听得骨碌碌"土罐"滚动声，大概是老二不小心突然踢到了它？他用手捧起隐约一看，原来是一个人的骷髅，"啊！"他惊恐地喊出了声，赶紧扔掉。与此同时，他们又发现好几具尸骨横在洞壁旁，不禁全身毛骨悚然。当两人赶快向洞外逃出来时，却发现尸骨旁有个大布包，走近去用手轻轻一碰，那布立即碎成粉末，一只木箱便露了出来，老大壮着胆打开箱盖一看，尽是些有方有圆、大小不一锈迹斑斑的铜铁器皿，他们拿了一件小点的到洞口来看，哦，这器皿做得非常精致，整体上多处镶接着几条似龙似蛇的东西，上面有蓝绿色的铜锈，兄弟俩就顺手牵羊地把它带回家去了，不过是嬉嬉而已。至于想要追究当时这些人和物是为什么会在山洞里的？是因躲避战祸？还是为财而死？他们不得而知，也无心去想。

数天又过去了，兄弟俩打算把异品奇花卖了就回家，顺便把这个烂铜器装进一只麻袋里，挑起行李带着兰花，径直来卖鱼桥找吴辅臣买他们的新花。这吴辅臣虽有钱，但总想吃便宜货，不过这也是所有买兰人之常情，也无可非议。这么好的异品花，吴说只值八个银元，三个人左磨右磨，磨了好一阵子嘴皮子，总算又加了两个银元。主人买下了草，客人也收了银元。就在兄弟俩挑起铺盖和麻袋打算离开之时，吴辅臣指着麻袋问：里边可还有兰花？当他知道是从山里捡来叫不出名的烂铜器后，马上提出想要看看的要求。他捧起这"烂东西"上下里外看了个遍，再把底部翻过来朝上一看，见铸有"元鼎丙寅"四个篆文。立刻就目瞪口呆了，吴不知是真货还是赝品，也不知是什么朝代之物。却自己主动提出把兰花款加到二十个银元，但要求把这东西暂放他家里，让他能仔细看看，要兄弟俩到附近旅馆住上一宿，费用由他负责，并约定明天中午再来他家小聚。王氏兄弟不知主人葫芦里卖的什么药，心里想着，能多收十块银洋总是好事，何乐而不为？反正他们并不太看重这"烂东西"，那放着就放着好了，"像这样的东西，山上还多着哩！"老二随便多了一句嘴，"还多着哩，还多着哩！……"可吴辅臣耳里却是听得一清二楚不过。

送走客人之后，吴辅臣当即联系买卖古董的朋友来舍看货，只见收古董的朋友手握着放大镜看这看那，又换个倍数更大的再细细地看……吴辅臣问："这元鼎什么意思？"朋友说："这是汉朝皇帝的年号呀！'元鼎丙寅'就是此物系汉朝元鼎二年制造的意思。"朋友出价五百块银元要想买走这"烂东西"。

第二天中午，王氏兄弟遵约再去吴府，吴辅臣热情异常，不但多次碰杯劝酒，还多次亲自夹菜款待，直让兄弟俩吃得酒足饭饱。在饭后用茶时，主人让家人拎出一只小木箱来，自己随手打开箱盖，哎哟！全是一卷卷红纸包着的银元，共四百块银元，他告诉王氏兄弟："有人出价四百块银元要买那个'烂东西'，如你们愿意卖，那这钱就交给你们带走！"有这样的好事？眼前的情景真让兄弟俩傻了眼，他们窃窃私语："这烂铜怎会这么值钱？"吴辅臣看他们脸上流露出的喜悦之情，紧接着便提出明天要和王氏兄弟一起去山上找那些"烂铜烂铁"，保证大家都能发财，兄弟俩异口同声说"好好好"。此后数天里，三个人并和随从的人一起上山寻找先前所发现过的那个山洞，可不知怎么的，尽管地点与位置都觉得没有搞错，但无论他们再怎么仔细寻找，也始终没能找到那个滴着水珠儿的山洞口了。直到华灯初上，折腾了一天的他们才带着失望的心绪分手回到各自住处。

眨眼之间，阿堂阿坤兄弟俩离家已有半月，他们算计着所得银元按当时每亩田 20 块银元计价，那就可买好几十亩田哩！他们把沉甸甸的银元包裹在被铺中，一路安全到家。也正是在这民国七年之时，不但家里盖房买田，兄弟俩还先后娶妻成婚，昔日大龄的穷哥俩一下发了，变成村里的小康人家，好不让人羡慕。

民国八年（1919）春节，一天，有位算命盲人叮叮叮地敲着单手可执的小圆锣，来到兰亭紫洪山村，王母叫住盲人先生为她的两个孩子算上一命，盲人先生掐着一个个指头，排出了"流年八字"，说兄弟俩金火俱旺，财运大亨，但新年新岁不敢直说不吉之言。王母说："是福是祸但说无妨。"盲人先生说："五行中金木水火土齐全虽好，但当须平衡，金克木，木克火若金旺过了头就会与木火相克，财旺了就造房屋，大兴土木就成了木克火，在不知中会带来无穷之患，所以一切都宜淡定平常，所谓"富贵不能淫，贫贱不能移，威武不能屈。"对此在家需搞好邻里关系，按时起居，勤劳俭朴，富日子当穷日子来过，当心火烛，无论是出外或在家，都需与人为善，宽容大度，切莫动辄争吵。盲人先生建议他们在得财之地的就近寺庙里去烧香拜佛，务必虔诚，如此这般才可免灾避祸。傍晚，兄弟俩走亲戚后回家，母亲把算命先生的话告诉了两个儿子。咋会这么准？原来兄弟俩前两天也各自算过命，他们心想，准是因那烂铜器发了财，可也会因此引来灾祸。看来盲人先生的话是非听不可了？

元宵节一过，又该是山上春兰开花的时节。王氏兄弟俩便赶去绍兴城里的大江桥边，坐着夜航船途经柯桥、萧山，直至西兴岸头，再渡过钱塘江便来到余杭留下镇住上一宿。隔日便从西湖西南翻山北上灵隐寺，专程前去烧香拜佛。他们焚香点烛、跪膝叩头，拜了弥勒再拜韦陀又拜了四大金刚，然后到大雄宝殿拜阿弥陀佛，再转到后殿拜脚踏鳌鱼的南海观世音菩萨，当然少不了会许上个愿，说些请菩萨保佑平安大吉、发财致富的话，临走时还在那只"随缘乐助"的功德箱里扔进了一块银元。"哦唷！这两个毡帽客出手如此大方！"不禁让旁边看到的那些香客们也为之瞪大眼睛、哑哑嘴巴，议论几句。

王氏兄弟出了灵隐寺，拟从原路返回留下镇，因这次他们到杭州是专程来烧香拜佛，心中并无觅兰的打算。可是意外之事偏又发生了。当兄弟俩路经小和山时，突然吹来一阵清风，带来一股沁人心脾的兰香，

"哎？这里有兰花！"兄弟俩几乎是异口同声地说出来。他们挡不住这兰香的引诱，终于顺着风头去随香寻花，在不经意中竟会在映山红树边找到了五草三花的一丛春兰，这草长约七八寸，叶色油光，凹深脉细，呈半弯弧状，非常纤巧秀丽；其花三萼端圆紧边，细长脚、一字肩，蚕蛾捧心闭合着蕊柱上端；微有下挂的刘海舌铺而不卷，整花如一块雕琢好的绿宝石，小巧玲珑。"多好的梅瓣新花啊！真是时运来，该给谁就给谁的！"兄弟俩一路走着说笑着，事真有巧，巧到微妙！刚刚拜了菩萨就得到菩萨恩惠，让人实在想不到运气会来得这么快。

第二天，阿堂、阿坤兄弟俩又把这块春兰新花梅瓣送到卖鱼桥吴辅臣家里，但感觉吴辅臣的接待明显冷淡了许多，大约他还在为去年上山未能得宝而生气！那次他带随从跟王氏兄弟上山寻宝不遇，认为这是兄弟俩有意佯装找不到那个山洞的，一肚子气至今未消。但今天他细看王氏兄弟所带的这新花梅瓣，又是暗暗心动，却每筒仅出价为五块银元，"这不就是明显过低压价吗？"兄弟俩窃窃私语几句，实在感到太吃亏，即行告辞，吴见这兄弟俩真的要走，连忙把株价改作八块银元，以为这样就会成交，不料兄弟俩铁心不肯，他只好怀着惋惜之心让客人离去。

从卖鱼桥到湖墅"九峰阁"兰园，不用多久便到达了。主人吴恩元沏上一壶清香的龙井名茶招待王氏兄弟，他一面看花看草，一面听阿堂介绍采觅此花的经过，甚觉有趣，笑着说："看来此花身价不凡，是佛所赐！"出价为每草六十个银元，总计三百个银元。兄弟俩听了不觉面面相觑，不断点头连声表示同意。

此时忽然听得台门外响起了铃声。迎来的客人称"颐道人"，他是个六十多岁的老文人，头顶打了个发髻，长胡子、瘦个儿，精神矍铄，形象如道似仙。他看了花又听了主人介绍寻觅此花的经过，心中感慨犹生，即提笔用行草题句赠给主人："闻香寻宝缘自佛，娇花含笑赓留春。"吴恩元由此受到启发，立即将该花命名为"笑春"。后来此花经吴先生苦心栽培数载，不断传承，如今它已是老来红极，子孙满堂了！

（本文素材由作者采访杭州、绍兴兰友所得）

十七

沈江南临危赋重托
诸水亭舍命保珍品

——春兰传统珍品'上品圆梅'的故事

1966 年的农历十月里，在江南本该还是个金桂飘香的艳阳天气，可是在这个年里寒潮却过早地来到人间。江南古城无锡的一家旧宅院里落叶纷飞，掉在地上的寒蝉，肚子朝天，凄切地扑棱着翅膀，再也唱不出昔日那欢快而富有节奏的"知了歌"了。

离旧宅院不远处的高音喇叭，没日没夜地放送着"造反有理……"的歌声从窗口直灌进屋里。一位六十多岁的文人沈江南，身体瘦弱、神情沮丧，他身躯紧靠床栏，无泪地哀号着："兰花没了……全没了……这是怎么回事？"在一场是非、人妖颠倒的惨剧里！沈江南家院落里所植的千余盆兰蕙及其他花卉，都被破了"四旧"，做人本分的他更被蒙上了不白之冤，竟成了"牛鬼蛇神"。从此他精神抑郁，长期缠绵病床，起居饮食失常。

一天，沈江南拉住儿子沈震的衣角凄苦地说："孩子呀，爹自知生命之火熄灭有日，这倒并不足惜，却有一事真有些使我口眼难闭，我在屋后地里所栽的蓝杜鹃丛中藏有两盆兰花，它们都是难得的珍品，今后就要靠你设法保护它们了，千万不能让它们失传。"他两眼盯着儿子的脸，迫切等待着儿子的回答，看到儿子点点头，心里这才舒坦了不少。随着

上
品
圓
梅

触及灵魂的运动继续和深入，沈家成了破"四旧"的重点户，常有"红袖套"吆五喝六来翻箱倒柜。没过多少天，藏在花丛中的两盆兰花还是被发现了，"红袖套"们一面破口詈骂着"反动的东西就是这样，你不打，它就不倒。"一面竟把这两盆兰花当成足球，你踢一脚、我踢一脚……刹那间盆碎泥散，苗断草折，根叶分离。娇嫩的兰花怎经得起这般粗野的摧残！老人看到自己那一丁点唯一的精神寄托化为乌有，精神支柱彻底崩溃了，顿时昏倒在床上。一直待到"红袖套"们离去之后，儿子才敢去收拾残局，他知道这兰花是父亲的命根子，就像是一位艺术家爱自己的杰作一样，这些从"红袖套"眼皮底下漏过的品种是父亲整个艺兰生涯中最得意之作。为了收集这些春兰'上品圆梅'和蕙荷'翠蝶'等品种，父亲在经济上和精力上都曾有过很大的付出。沈震用颤抖的双手清理好受伤的苗株，进屋来问父亲："打算怎么收罗？"只见父亲紧闭双眼，凝泪无话。沉默良久之后，他才语调哽咽地说："看来这院子里再没有它们的安身之处了，现在只剩下最后一条路，你赶快把它们送往别地。我想只有请常熟的顾医师和绍兴的诸水亭师傅这两位高手帮忙，也许还能救活和保全它们。"

第二天，天色阴沉，沈震按父亲所嘱，先把'翠蝶'送去常熟，并向顾医师转达了父亲的殷切希望，令顾医师听得感慨万千。

第四天，风雨交加，沈震又带了'上品圆梅'自无锡启程，转车上海、杭州，辗转到了绍兴，已是次日下午。他跨进诸家大门，一看里边情景，犹如头上霎时浇来一盆凉水，啊！他的兰花也被"造反"了，沈震心里不禁打个寒战。他两眼四顾兰园内，所见只有小堆泥土和扔得杂乱无章的几只破花盆。

话说发誓这辈子不再种兰花的诸水亭，自己如泥菩萨过河，意外地见远方客人到来，心里本应该高兴，但今天他却不免紧张和为难，低着头默默无语，只是一个劲地叹息，心里暗自叫苦："难呐！真是一家不得知一家的事！"说句实话，在这种非常时候，他的确难以承受这样的重托！此刻，他的脑际里仿佛又浮现起"红袖套"们来家搬兰花的揪心情景。但是他又转念一想：多年的挚友远道而来，如果还有点办法的话，断然不会冒着风雨来求助，这种贵过金子的品种，万一失传将是养兰人的终生遗憾，国兰宝库中该是多大的损失啊！更何况人世间交往中没有比别人对自己的信任更为可贵的了，我怎能光想自己而无动于衷呢？

诸水亭的心在微微地颤抖，权衡再三，他终于选择了把草留下来。一看兰草，仅是六七个新鲜芦头和几桩株形不全的伤残草，心头不禁惋惜非常，他对沈震说："我的日子虽也十分难过，但尊父的重托实不忍推辞，不论以后的日子有多坎坷，我会舍命保全它，请告诉令尊大人放心，有我诸水亭就有这'上品圆梅'。"谁知这次相会之后，他们相互间便失去了联系。

说到这'上品圆梅'的来历，诸水亭曾听沈老先生说过：那是在抗日战争胜利之后，由于内战国家经济萧条，饱尝战祸的人民苦不堪言。当时有位无锡张姓兰友，年迈体弱，家小多口，生活困顿，无奈之下要把当作宝贝的'上品圆梅'出让给投机兰商，并已基本谈好了价格。沈老先生得知此消息后，心里着急非常。回忆往昔，他曾多次见过此花，三瓣开品端正如勺，瓣肉嫩绿厚糯，心里是多想能拥有它啊！但因那兰友不肯割爱，所以自己始终没有开过口。抗战时期，日本人曾想方设法要搞走它，由于张姓兰友巧妙应付始终未让得手。为了不使它落到投机兰商手中，沈老先生与妻子商量，变卖了她的首饰，硬是凑足了款数，好不容易才买下了这兰中珍品。

次年此花起蕊，壳色银红、肉彩艳丽，放花后沈老又细审一番：嫩绿的花色，软蚕蛾捧紧掩蕊柱；大如意舌上两条平行而粗短的红色纵线；外三瓣肉质厚糯，门字肩，有杓形深兜，着根结圆、瓣端均起尖峰；花莛高约三寸，绿中泛微红色的花干，叶形似弓，厚阔油润，质硬凹深。

沈老先生捧来民国十年（1921）时由上海秦采南选出的'圆梅'作对比。他发现两花在叶形和花形方面有一些相似之处，但'圆梅'之舌为小如意舌，外三瓣虽结圆但不净绿，其捧属半硬且带赤味，花莛也只有约二寸许。

夜，静悄悄，寒月如钩。诸水亭躺在床上，身子翻来覆去，久久难以入眠，半夜都已过了他却还没能想出个万全之策，直到鸡叫二遍了，他心里才有了打算：趁天未亮，得赶紧把它转移出去，万一天亮后被人发现自己家藏有兰花，不但又要"请罪"，且这伤残得疤痕累累的兰花恐也难逃厄运。想到这里，他赶忙起身用纸包好兰花，要妻子送到一位亲戚家里，因亲戚家的"家庭成分"好，并也植有兰花，放在那里莳养，理该比较安全。妻子用手揉一揉朦胧的双眼，顾不上洗脸就匆忙赶路。待她完成任务回到家里，正好天亮，一切都好似没有发生过。

却说这死里逃生的兰花，在新主人的抚爱下，逐渐恢复了生机，第二年清明后，虽老叶几乎萎尽，然芦头边已萌出了几个白玉壳顶部红尖的小芽来，亲戚捎个口信给诸水亭向他报告了好消息。第二天，他便趁夜晚摸黑前往亲戚家，为防路上麻烦，连个手电都没敢照。一个不注意，他的那只跛脚踢在一块"毛齿石头"上，端时疼得他坐在地上又擦又揉了半天。

要想使这遍体鳞伤的兰草能较快地起发，诸水亭借亲戚家一盆春兰'汪字'壮草与'上品圆梅'同盆共植，以得到壮草的哺育和照料，这是他培育弱草成为壮草的经验。他动手脱盆、起苗、栽种……动作纯熟麻利，种毕后与亲戚交代上几句，立即就赶回家里，以防有不测之事发生。就像娘亲常牵挂寄养在别家的亲骨肉一样，诸水亭时常惦念着'上品圆梅'，总是隔上几天就要去一次亲戚家里，不管白天劳动有多累，也还是要去看看。

冬去春来，风雨几度，融汇着几家人心血和祈盼的'上品圆梅'残草，由于与强壮草'同窗共宿'，终于渐显丰满。三年之后，老诸认为与'汪字'合种一起的'上品圆梅'草，已可独立支撑门户了。为了能让它多发新草，诸水亭用出绝招：他有意把几桩老草的连体处轻轻扭动至松而未脱，使老草受到刺激能多萌发新芽。他上好盆，凝望着'上品圆梅'，并自言自语地说："兰花啊兰花，如果你真通人性，可别忘了爱护你的朋友啊！"

1970年夏日，正当'上品圆梅'恢复元气逐渐壮大的时候，有人口头传来沈江南老先生含冤而逝的噩耗，此时天气虽然闷热，可诸水亭

在诸水亭盛情邀请下，沈震来绍兴作客……沈震默默捧起一盆上品圆梅，深情地闻一闻香，骤然回忆起难忘的往事。

听了心里却倍感人生的悲凉。夜晚，他面北遥望天际，眼前时有流星划破夜空陨落在遥远的天边，他长叹一声："这凄苦的人生真成了陨落的流星了，从此就是人去花在两不知啊！"他默默祈祷着："沈老先生泉下有灵，当可含笑，'上品圆梅'已长得喜人。"

俗话说：人逢喜事精神爽。1976年10月，中国大地上响起了惊天动地的春雷，十年浩劫终于结束了，人们载歌载舞欢庆第二次解放。历尽磨难的'上品圆梅'竟不迟不早在这年秋起了花蕊，到了来年二月初，首次放花客地，诸水亭如见到了久违的故友一样开心，他想：这花还真的通人性了，要不怎么偏偏在这个时候会起蕊放花？已有数年戒酒史的他一反常态，打了斤绍兴黄酒独酌得津津有味，可想而知他心中要说的万语千言，都尽在这酒碗里头了。

1978年5月，诸水亭收到了一封意想不到的来信，信是由沈震自无锡寄来。信中告知："我因生计等原因，自那年匆别后，一直孤身在外打工。不知在师傅处所寄养之'上品圆梅'可好？念念……"诸水亭取笔回信："……'上品圆梅'已于前年春始花，花品花色极佳，先生如若有暇，望来绍取回。"可是自此信发出之后，诸水亭望穿秋水，却又好几年未能盼到沈震来鸿。

随着国家经济建设的发展，这一年里，兰乡漓渚办起了第一个兰圃，赌咒发誓再也不碰兰花的诸水亭受邀又下兰海。一次，兰圃有位同事出差无锡，诸水亭托他捎个书信代访挚友。数天后，同事归来相告："沈母健在，仍在老宅居住，沈震经亲友介绍，已赴美国从事园艺工作。"说完，同事从包内取出个沈震寄自美国的航空信封，上面当然有他的住址。后来沈震在回信中告诉诸水亭："我在美国已不种兰花，'上品圆梅'全由师傅作主处理便是……"收到此信之后，时光又闪过了若干个年头。

1988年的春三月间，沈震自美国飞抵北京，他发个电报给诸水亭，说自己回到祖国。当天，诸水亭乘北上列车去会见挚友。在宾馆，患难之交的两位兰友相会，互诉别后境遇，亲热异常。当听到'上品圆梅'已是子孙满堂时，沈震更是紧握诸水亭的手说："真难为您了，谢谢您救了它，相信九泉下的家父也可安息了。"

　　不日，在诸水亭盛情邀请下，沈震来绍兴作客，他参观了诸家兰苑，看到所植兰花有不少盆还在放花，诸水亭指着右边头上的一二两盆说："它们就是'上品圆梅'。"沈震默默捧起一盆，深情地凑近花朵闻一闻香，骤然回忆起那难忘的往事：父亲靠在床上、紧闭双眼的形象又一次浮现在自己的眼前、凝泪无语的嘱托又一次萦绕在自己的耳边。一个斜风苦雨的日子，是沈震亲自送来这生命垂危的兰花，他在漓渚一家饮食店里吃完了一角二分钱加二两半粮票一碗的菜沃面后，又匆匆赶路回家……而今它竟长得如此翠绿有神！他为这兰花感到庆幸。

　　几天之后，沈震要回美国，诸水亭依依不舍，一直把他送到上海，临别之时，他拿出一包钞票交给沈震告诉他："这'上品圆梅'已被江苏等地一些兰友引种，今先将部分所得之款面交给您。"却被沈震断然拒绝。

　　一个围绕着兰花的故事，展现了爱兰人喜与悲、苦与乐的一段坎坷历程，它凝聚着爱兰人对兰的深情和执着，它留给后人的是一首爱兰人地久天长、情谊无价的歌。

　　　　　　　　　　　　　　（本文素材由诸水亭、郑黎明提供）

十八

老塾师怒斥府衙内
福荷素誉满海内外

——春兰传统名品'福荷素'的故事

　　1990年春天，我国南方名城厦门举办了规模盛大的第二届中国兰花博览会，偌大的展厅里姿态婀娜的几千盆兰花，有的翠绿净洁，散发着沁人肺腑的幽香；有的五彩缤纷，恰似群蝶绕花在翩翩起舞。这其中有盆草形肥壮、花大、花多的素心春兰'福荷素'特别吸引着那些参观的人们。

　　'福荷素'叶宽质厚，斜立半垂，花朵外三瓣硕大，长收根宽放角，有猫耳捧或剪刀捧之别，雪白的大卷舌，一身净素的荷型花，翠绿端庄，非常健壮，犹如一群体态苗条的少女披着一身绿纱，亭亭玉立翩翩起舞。这花的送展者是谁？就是浙江绍兴兰协主席吴书福先生。提起这'福荷素'，它还有一段与采觅人有关的经历哩！

　　相传在清朝同治（1862—1874）年间，浙江嵊州西郊山区里有个叫两头门（今称甘霖）的地方，那里有位叫诸南山的读书人，他一生苦学苦读，对于诸子百家几乎无所不通，可惜命运多舛，虽几度参加科考却都名落孙山，慢慢地就心灰意懒了。随着年龄的不断增大，他有了家室，生有两个女儿，大女叫大兰，小女叫小兰，她俩长得聪明可爱，犹如两朵美丽的山兰花。为了生计的他早已在村中一个私塾里当教书先生，

福荷素

一家人生活虽较清苦，却也相安无事。时间一天天地过去，一晃就是十五六年，两个女儿已成长为妙龄少女，容貌更是俊秀出众，而且非常勤劳，诸先生打心眼里疼爱她们。

这是春节后的一天早晨，阳光灿烂，两头门山村里处处充满节日的喜气，诸南山想，反正学塾还没有开课，不妨到山上去走走。他沿着弯曲的山道上得山来觉得有些疲劳，便在一个大树桩上稍坐，极目远望，家乡秀丽的山川尽收眼底，碧绿的沃野田畴层层相连，顿使他心旷神怡，一阵带着几分暖意的轻风拂面而过，传来了山上兰花特有的芳香，"哦！这么早正月兰就开了？"他自言自语着，便一头钻到毛竹林里想挖几丛兰花带回家去种养，但兰花的香气却时有时无，时浓时淡，好像存心与诸南山捉迷藏似的。时过晌午，山上的树影子变短了又慢慢向另一边斜去拉长，就在临近黄昏时，诸南山终于在竹林里的枯竹根旁，找到了一丛生长在那里的兰花，他折根细竹竿耐心撬开兰株四周的泥土，挖起来一数，足有十几株草，它们有的已开了花，有的却还是花苞。诸南山摘下自己脖子上的围巾用双手包好兰花，缓缓地走下山来，到家后就把它们种植在院子里的一只旧箩筐里。山里人采些家乡的山兰花种在家里，本是件极为平常的事，几乎家家都有，但偏偏就在这平常事里引发出了许多事端。

话说那天诸南山采回兰花种在自家小院里后，不到十天，那一个个花苞先后都开了花，习习幽香不断飘入左邻右舍，隔壁邻居家有位在嵊州城里做生意的祝姓客人，趁正月里空闲之时来"两头门"走亲戚，因闻到一阵阵兰香，便径自来诸家小院里看兰花，他一朵朵细瞧着，嘴里啧啧地赞个不停，见到其中花瓣纯绿，花舌全白那花时，禁不住叫了起来："好啊，好啊！这是'白兰'，这是'白兰'，难得啊！"过不几天，客人回到城里后把自己去"两头门"作客遇上邻居家有'白兰'的消息告诉了他的朋友，想不到几天之后消息传开，连嵊州祝知府的儿子都知道了，这祝衙内是个花花公子，瓜皮帽后拖着根长辫子，大衫马褂穿着十分体面，却从小不爱读书，胸中无半点墨水，最喜欢的是拈花惹草、惹是生非。他豢养的几个狗腿子，专门欺辱乡民，"两头门"的人也和别

诸南山气愤至极，他一面叫两个女儿退到内堂关起门来，一面怒斥祝衙内，乡亲纷纷赶到，"草包"见势头不妙，赶紧逃离。

处人一样，只要一提起他来牙齿便会咬得咯咯响。

过不几天，果然这衙内带着几个随从赶来"两头门"，他们呼地闯进诸南山家，嚷嚷着要看'白兰'花，但这"草包"对兰花犹如"牛吃薄荷"，辨别不出味道，连看都没看一眼转身就大摇大摆地走了。诸南山鄙视地轻说一句："哼，不识货的东西！"不料这话被一个随从听到了，立刻便狐假虎威跟诸南山大着嗓门闹起来。那"草包"听到争吵声，回转身来问原因时，却一眼瞧见了诸家长得如此水灵的两个女儿，不禁垂涎三尺，赶过去就动手动脚、死纠蛮缠起来。诸南山气愤至极，他一面叫两个女儿退到内屋关起门来，一面据理怒斥祝衙内。可怜一个体弱的文人怎能挡得住这些恶棍！幸好邻居乡亲纷纷赶到，"草包"一见势头不妙，赶忙吆喝狗腿子们狼狈离去。

时过数天，这祝衙内日思夜想着诸家的姐妹俩，一天到晚不思茶饭，师爷献计托人去诸家说媒，要同时娶姐妹俩为妾。媒人带了彩礼来到两头门诸家，诸南山成竹在胸，一面与媒人巧妙周旋，一面与亲友商量对策，竟在一夜之间悄悄地把家搬到远离嵊州一个称作苍岩（也称乌岩）的偏僻山窝窝里。由此全家人闭门不出封锁消息，以避开灾祸。不上一年工夫，祝府衙因贪污受贿被上级官府查处。消息传到乌岩村，人心大快。从此诸南山一家可以不再提心吊胆地做人了。按老习惯，此时诸南山一家本可重返两头门居住，但他认为乌岩虽地缘偏僻，但环境幽雅村风纯朴，深厚的乡情乡谊犹如乌岩的甘泉一样，实在令人留恋。于是他决定仍留在乌岩居住，不久他又在乌岩开办起学塾，继续教书育人，耐心启迪村童。

日子像个磨盘那样悠悠地转完了一年。

很快又到了新一年的春节，诸南山习惯年年都要在这时上山去走走，这苍岩一带山里似乎兰香要更浓些。有一天他循着兰香又走进了深山老林，忽然间听到啪的一声，有只野兔子从洞中蹿出，径直往东南方山间奔去。诸南山凝眸回望，发现离兔洞不远处有兰花开放着，近前细看竟又是'白兰'，与从两头门带来的几乎一模一样，唯一不同的是两头门那里的花，二捧开口上翘圆如猫耳，而乌岩这里的花二捧形似夹拢的剪刀，弥合不开，诸南山也把它们挖来栽培在家门旁。邻居来看兰花，都说两种兰花就像大兰、小兰姐妹俩。两头门的'白兰'二捧撑开像姐姐大兰性格开朗，一笑起来总是张开口"哈哈哈"地发出爽朗的笑声；乌岩的'白兰'二捧闭合，像妹妹小兰性格闲静，笑起来"嘿嘿嘿"地总是唇不露齿。不久姐妹俩先后出嫁，父亲就把出在两头门捧心撑开的'白兰'给大女儿作陪嫁物，把出于乌岩捧心闭合的'白兰'给小女儿作陪嫁物。由于这素心兰易种、易发、易上花，大家都种起来，不久村里几乎家家都莳养了'白兰'，而且从此时开始，村里不论谁家出嫁女儿时，都要有一盆素心兰花作为陪嫁物，寓意是"嫁盆素心兰，愿作素心人！"祝愿女儿要好好持家做人。

1984年吴书福先生出差去嵊州，他听了这个'白兰'花的故事很是感动，便引回了这个品种，经悉心莳养数载，起了花蕊，将它冠上"福荷素"的新名，并送厦门兰展会展出，此花形大而素雅的特点赢得了与会兰友们的一致称赞，还被日本兰友引种去了日本。

（本文素材由陈德初提供）

十九

永新僧修佛结兰情
窑头山救生得佳品

——春兰传统名品'翠筠'的故事

杭州城西的杭县境内，多有连绵起伏的群山，它西接临安，南连富阳。水量丰沛的溪涧集聚起一股股清流，与西来的苕溪相互汇合后转折向北注入太湖。造物主在这块沃土上养育出苍松翠竹，巨枫古樟，还有飘香山间的幽兰和其他万千种植被，让它们生长硕茂和繁衍不息。如此秀丽的自然环境，不但是逸隐者的栖身之所，也成了释家、道家所称谓的净土福地，特别是在明清时期，这里更是人气兴旺、香火鼎盛的地方。

话说清朝嘉庆年间，杭县西部的大青山中建有一座大麓寺，寺前有川流不息的东苕溪水日夜不停地奔腾而过。清晨，山雾中依稀可见的大麓寺仿佛飘在云间；傍晚，夕照下分外耀眼的大麓寺犹如佛国西天。到了清末之时，这寺院虽经几百年岁月沧桑，却依然庄严肃穆，它阅尽人间春色，好似在诉说着僧人们的许多往事，其中最为当地人津津乐道的是一位主持僧释永新大师的爱兰故事。

释永新俗名孟学孔，清朝后期出生在当时杭县的大富人家，祖辈多有人中过状元，作过大官的。学孔在孩提时就思维敏捷，聪明好学，青年时期饱读"四书五经"，并能做到过目不忘，很得先生称赞和长辈的器重。后来在与亲友的交往中，他结识了一位名叫云姑（意谓天上仙女）

翠
筠

的绍兴兰乡女孩，这姑娘姿色婀娜出众，能采兰卖兰，讲起山上采兰的见识来，让人听得新鲜而有趣味，更有一副银铃般甜亮的嗓子，最爱唱江南的民歌，那饱含着深情的歌声，不论是谁听了都会为之动情。正当他们心堕情海、编织着美好未来的时候，不料学孔的家长与族长却横加干涉，指责学孔背着父母跟门第不相称的女孩私订终身，是既不知书又不达理的忤逆之举，还强行替他订聘了一位出身于富家、却相互间无任何感情可言的杭城闺秀，同时又派人去绍兴的女孩云姑家施加种种压力，千方百计非得要拆散这对鸳鸯不可，最后竟逼得在痛苦中挣扎的女孩投水自尽。学孔得悉噩耗，万分痛心，他不堪忍受感情的折磨，万念俱灰，背着家人隐秘离家出走，东闯西荡，漫无目的地来到绍兴以北乡下一个称下方桥，叫作山头村的小地方。这山头小村虽是偏僻之地，却因有一座古老的"石佛禅寺"，寺里有一尊十来米高的石佛坐像而名扬四海，至今，寺内的摩崖上仍保留着镌有几代名贤曾经来过这里聚会的文字记载。

　　这个寺院建在一处曾在隋朝时为筑造运河上的塘路、大桥而大量开采过石材的羊山。现今，这里仍可见先人采石后留下的那一柱柱雄伟高耸的石柱和石梁，以及大片大片百尺来深的石潭、石塘。微风吹过，佛殿的倒影在碧绿的潭水里荡漾；石柱顶上，青葱的古柏虬曲露爪，其形好似已经化为龙蛇；仰望蓝天，时见有鹰鸷盘旋，嘘嘘地高歌一曲。人临此境，感觉非常清幽。更令人叹为观止的是那从山岩外钻凿到纵深处之后，再用山岩内的石头凿刻而成的大佛坐像。这佛像下部仍与山岩连成一体，庄严肃穆，平静慈祥，站在地上的人们须高高仰视才能看到大佛的面容。若要言此佛之大，不用说别的，只说大佛放在自己膝上的那只手掌，据先辈人说，曾有人在大佛掌上摆放过一桌酒席，八个人可以坐在上面会餐；再说当时承担过这尊大佛雕刻工程的石匠，有人说是承续了三代人，也有说承续了四五代人才雕刻而成的，环视整个宽阔殿宇，全在山岩的"肚"中，竟不需要一根柱子，犹如敦煌石窟一般。这一切都使学孔感到惊叹不已。

　　学孔在寺里生活了一段时间，心境也渐渐平静起来，他爱上了这方佛国净土，师父规劝他舍弃悲欢离合的往事，告诉他那些烦心之事都是

"哌哌哌哌"……近处突然有蛙声响起，小和尚朝鸣叫声的地方扫视一眼，看见稀疏的矮树边有丛兰草生长着。

凡间尘俗之念，只有一心学佛才能普度众生，追求永恒的极乐。师父还勉励他自新自救，努力修智修慧，亲自为他剃度，并为他取了"释永新"这个法号。从此永新和尚一心学佛，领悟大慈大悲、救苦救难的真谛。由于他文化水准高，对"禅"的理解和悟性也较快、较深。五年之后，他便成了众僧中的杰出人物。师父酷爱养兰，在平日里栽兰、采兰，都会让释永新去当助手。每当春天兰花开放的时候，永新总要跟着师父去深山觅兰，寺院里临池的那间房子也辟作了兰室，永新还画上几幅兰花图，布置在室内墙上，环境格调简朴而又雅致。

僧人莳兰、画兰，历来有人，但对当时绍兴乡下的小地方来说，那还真是稀罕得独一无二，住持僧莳兰花和永新僧画兰花，引来了本地和外地的社会名流、文人雅士、商贾豪富，常有不少人坐着大船经百十好几里的水路来羊山石佛寺赏兰、求画、吃斋、念佛、吟咏、品题，崇尚儒雅，追求心地清净，以致使这石佛禅寺名气越来越大，香客遍及四方。

光阴荏苒，人生几十年的岁月恰似这石佛寺畔的流水一去不返，慈祥的师父终因年迈圆寂西去。释永新由此挑起师父留下的担子，成了该寺的当家和尚，一干又是数十年。

说来也是缘分和巧合，那是壬子年（1912）的春夏之交，中国大地上战火纷飞，不多久原有的大清皇朝改朝换代成了民国元年。也正是这一年，佛教组织把释永新派往余杭县大青山的"大麓禅寺"任主持僧之职。出家人空空如也，唯一的财产是几盆兰花带到余杭的佛寺里去莳养。释永新当家以"善"为本，既关心僧众又严格要求自己，大家对他的德行有多大的赞美和多深的敬畏，自然就不必细说了。

民国二年（1913）春天，又是一年兰花盛开的季节，永新大师带了个小和尚到大麓寺周围山里去寻觅兰花，他们接连找了几个山头，却是一无所获。时过正午，正当他们决定改日再来寻找的那一时刻，突然耳边听到青蛙嘎——嘎——嘎，断续而带着几分凄厉的叫声，好似在向你呼救一般，稍向周围寻找，却见涧边蟠着一条大蛇，这蛇的头顶上长着个凸起的红色肉块，颚部浅黄，全身一环一环黑白相间，亮闪闪的鳞，阴冷的两眼流露出冷血动物凶残的本性，它嘴里含着一只泥灰色的大山蛙，这山蛙还在继续发出嘎——嘎——嘎的惨叫声。大蛇见了人毫不惊慌，仍旧一动不动。小和尚赶忙举起随带的禅杖使劲地向大蛇打去，终于使它在惊恐中吐出了嘴里的山蛙，刹那间便扭曲着似箭一般向草丛逃窜，正当小和尚追上去要给第二棍时却被师父劝住："放它一条生路吧！"看这可怜的青蛙，它虽在蛇嘴里得到余生，但已元气大伤，它那鼓出的双眼直望着师徒俩连转都不转动一下。小和尚问师父："蛇是邪恶的化身，冷酷凶残，为何不打死它？"释永新道："蛇与蛙都是生命，人们对它们都应该公平爱惜，出家人始终坚持不要杀生，还是随它去吧。"

师徒俩边走边说，不觉已走到窑头山，大麓寺已遥遥在望。忽然他们闻到一股浓浓的兰香，两人抑制不住这兰香的诱惑，于是随香寻找起兰花来。"呱呱呱呱！"……近处突然有蛙声响起，小和尚朝发出鸣叫声的地方扫视一眼，虽未见到山蛙，倒看见稀疏的矮树边有丛兰草生长着，此花株形壮美，叶色劲秀，叶形有斜有垂；花萼上绿筋鲜明，正面和背面均无红筋，青干青花，莛高肩平。他们采回此兰，把它与寺里的兰花养在一起。可喜的是这采自窑头山的新花，长势健壮，易发易旺，自采来之后几乎年年起花，永新大师根据此花清净翠绿，色如山上竹子之意，就给它取了个"翠筠"的名字。

却说佛寺被人称为庄严净土，但这毕竟不是在天上，有时候人间的苦难也常常会侵扰到清净的佛地来。那是在民国三年（1914）的春天，军阀们炫耀武力，各自割据着中国的某一地方，你打我，我打你，搅得老百姓不得安宁。一天，浙江的军阀头子孙传芳手下的一个副官带着几个勤务兵来游大麓寺，他们看到寺里一盆盆兰花叶子油绿，花香绵绵，副官临时见物起意，强行要"借"走几盆，这'翠筠'正好也在其中，永新僧心中十分鄙视这个假作风雅的一界武夫，但眼前他惟能采取的办法也只是虔诚默念阿弥佗佛，保佑兰花平安。

副官拿去兰花之后，随便把它们放在部队的会议厅里，较长时间里都无人浇水、照料，看那盆面上烟蒂、残茶叶渣是越堆越高，致使兰草提前谢花，草枯株残，气息奄奄。后来此事偶然被司令孙传芳得知，他问副官:"打仗的人玩这干啥?"下令立刻物归原主,不得有误。副官是别出心裁,原想讨得上司的欢心,不料讨个没趣,反倒害苦了自己。却由此让这些兰花有幸逃过了一劫,它们又回到了大麓寺里。永新和尚看着这些濒临死亡的兰花,内心伤痛不已,他赶忙整理兰株,翻盆换土。直到梅雨季后期才见盆中有小芽出土,可是第二年春天这些兰草均没有再能开花。

　　直到民国五年(1916)春天,正是春兰放花之时,老友吴恩元来大麓寺拜访永新大师,赶上'翠筠'放花正酣,他便细细欣赏一番:这细长挺拔的纯青绿花干上开着色如翡翠般半透明的平肩花朵,分窠的软蚕蛾捧里半藏半露着刘海舌,俏丽舒展、风韵独绝。吴先生赞它是梅中的上佳之品,他在与永新僧的谈话中明显流露出对此花的倾慕和渴望的意思。永新大师看在眼里记在心里。临别时他把这盆唯一的心爱之花赠送给了吴恩元老先生,这是吴老压根儿没有想到的,从此"九峰阁"又添了梅中新品。后来吴恩元为纪念此花是得自释人之手,理解此花内涵有祥瑞大发之深意,因而又为它另取上一个"发祥梅"的雅号。

　　　　　　　(本文素材由作者访问绍兴石佛寺住持释本耀大法师所采得)

二十

老战士怀旧访四明
叙友情金凤赠飞蝶

——春兰新花名品'四明飞蝶'的故事

徐戎先生是宁波的一位兰花爱好者，耄耋之年的他，因为爱兰花而心中自然地常要回忆起在抗日烽火中难忘的许多往事。

徐先生的老家在浙东鄞县的西郊，在他刚跨进16岁（1940）那年的正月里，日本侵略者的铁蹄正在蹂躏着我们的祖国，许多同胞纷纷参加了抗日武装。鬼子在白天到处抓民夫做苦工，建造一个个炮楼，到了晚上则处处戒严，连灯都不准老百姓点，妄想消灭抗日武装力量。夜里，村里处处是一片死寂和恐怖，呼啸着的北风传来凄惶的狗吠声和妇女、小孩悲凉的啼哭声，让人听得特别揪心。

一天夜里，一位邻居小伙伴阿海偷偷摸进了徐戎的家门，向他轻轻耳语："'三五支队'（浙东的抗日武装力量）的人来了。"听了这消息，直让小徐心中一阵惊喜，因为村里跟他年纪差不多大的那些小伙伴早就口传"三五支队"神出鬼没打鬼子、除汉奸的那些事，大家都巴望着自己能赶快长大，早日也去参加"三五支队"打鬼子。于是他和阿海俩蹑手蹑脚地来到阿海家的后门，从门缝里往里边瞧，隐约看到一位脸颊上长满胡渣子的大汉坐在毛竹椅上，正在和阿海的父亲等几个村里的叔伯们轻声细语，大汉说话还不时伸出左手一起一落比划着，右手却紧扣着

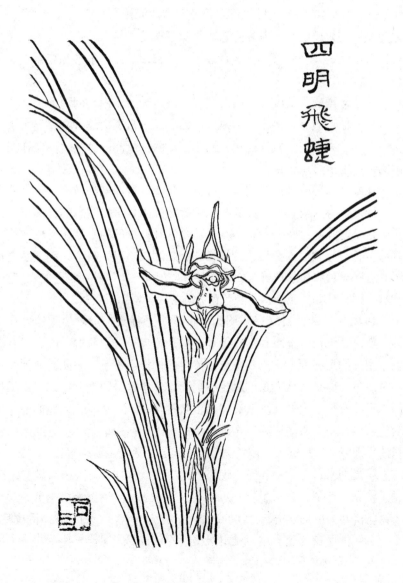

四明飛蜻

撂在膝头上的木壳枪。

没过几天，在一个寂静的夜半时刻，轰轰的爆炸声把小徐从床上惊醒，接着又在屋边响起了叭叭的枪声和鬼子跑动时发出咚咚的脚步声。第二天消息传来，是两个刚筑好的鬼子炮楼同时被炸，还死了六七个小鬼子，其中还有一个是投靠日本兵专门欺压乡民的自卫队长黄胖阿三，他竟横尸在村口的一个草垛旁边。小鬼子像发了疯似地牵着大狼狗到各村抓游击队，几乎每天都有老百姓惨遭杀害，从此斗争形势变得更加严峻了。

一个风雨交加的晚上，阿海的父亲终于带着小徐和阿海俩悄然离开了村庄，他们戴着竹笠帽穿着蓑衣，沿鄞江一带翻山越岭，整整走了两夜一天才来到皎口，就在这里找到了游击队，从此两个小伙伴便在四明山的怀抱里学习和战斗。

在那个艰苦战斗的岁月里，部队人数少、武器差，几乎一天就要挪一个地方。春天里，他们住在山洞中和丛林间，带着暖意的春风常常会不时送来一阵阵兰花的芳香。几个还带着几分稚气的小战士总喜欢摘上几朵兰花，把它们插在自己的帽檐和胸脯的袋子口，整个人都突然变香了。有些年长的战士看着他们这样戴着兰花玩，也学着在自己的衣襟上、扣洞里别上几朵兰花。幽香的兰花为游击战士增添了欢乐。

1942年冬天，日寇在四明山一带几次进行大扫荡，部队转战在嵊县、新昌、天台、上虞和奉化等地，总是拣鬼子兵力薄弱、或者只有日伪军留守的那些地方，出其不意地揍得他们措手不及、顾此失彼而惶惶不可终日。但那时从力量的对比格局而言，毕竟是敌强我弱，小鬼子和日伪军以及地方上的反动武装"自卫队"，搞起了"联防"，他们妄想切断老百姓和游击队的联系，企图把游击队困死在山里。一段时间，部队只能靠捉野兽、挖野菜、刨竹笋等来充饥，生活更是倍感艰苦。

早晨迎来日出，傍晚送走晚霞，战士们就这样一天又一天地终于度过了漫长的严冬，迎来了新一年的春天。不久部队根据上级指示，开始了由防御转为主动出击，打仗的次数也多了起来。一个月黑风高的夜晚，小徐和阿海所在的这个排接受上级交给的任务要去端掉日伪军的一个据点，以显示抗日武装力量的存在，同时能设法搞到枪支弹药以补充部队自身。他们跟着老同志以敏捷的行动执行着事先布置好的战斗任务，竟不费一枪一弹摸进了敌人的炮楼。正当每个人都扛上三四支枪，准备迅速撤离之时，却被另一个炮楼的哨兵发现，枪声在夜空响起，敌人一窝蜂似地出动，紧紧地追赶在他们的后面。战士们一面阻击一面后撤，突然小徐的腿部不幸中弹，他只好拖着受伤的腿，挣扎着向山腰中一幢破旧的泥墙屋爬去……屋里走出来一位老大伯，他严肃而轻声地问："你是什么人？"小徐颤抖着声音告诉他："我是三五支队的战士，腿部受了伤，日伪军正在抓我。"这位大伯急忙用布条紧扎小徐的伤口，二话没说背上小徐撒腿就往山里跑。一路穿林子过小溪，一刻都没有停歇，大伯气喘吁吁地把小徐背进深山中一个极其隐蔽的洞里。

这山洞外窄里宽，人在里边倒并不觉得难受，可是在以后的接连几天里，因伤口发炎高烧不退，待在洞里犹如在蒸笼里蒸煮一般。躺在地上的小徐，两眼迷迷糊糊，好似觉得整个山洞都在打着转转。他胡乱地想到自己正年轻而小鬼子还没被赶走，如果就这样永远离开部队的话，总有些不甘心。他的全身像火烧一般，口渴极了，尽力睁开迷糊的眼睛，用双手支撑着身体坐起来，慢慢地爬到有水渗出的岩缝边，伸出舌头不断舔吮着那岩缝里渗出的水，啊，这水多么甘甜，咽到肚子里顿觉全身来了劲，不由眯起双眼望望山洞里唯一能透射进阳光的那个小"天窗"，突然看到外边岩间一抔不多的泥土上长着一丛叶株斜出的兰草，它绽放的花朵像一只飞舞的蝴蝶，格外美丽动人富有生命力。由此他的头脑中突然意识到草木竟有那么顽强！一个偶然而又极为平常的情景，激起了他要战胜伤痛决心回到部队，继续参加战斗的强烈愿望。

一天晚上，山洞里终于来了一位大娘，她把一只装着熟番薯和玉米饼的小布袋放在小徐的身旁，取出袋中食物让小徐吃了个饱，又在她所带的毛竹筒里倒出自采的草药汤让小徐喝，还把兰根和盐捣烂成药糊搭到一张小竹箬壳上，再敷压在小徐腿部的伤口上。此后一天又一天，都是由这位大娘给小徐送药、换药，并不断送些吃的。这其间虽曾多次有过鬼子和日伪军一起来搜山抓游击队的事发生，但由于他们没有群众就像一个人没有耳目，始终没能抓到一个游击队的战士。要问当时小徐在山洞里住了多久？至今已成老徐的他仍然说不清楚，他只是记得当时虽然没有取出腿里的子弹头，但创口上却已长满了红色肉芽，渐渐地愈合起来。不久部队派人把他从山洞里接到余姚梁弄，住在老乡家里养伤，直至重返部队继续参加战斗。

1944年初，徐戎所在的部队奉上级命令北撤，他们转战到安徽、山东等地，后来又经历了孟良崮战役和汤山战役的洗礼。

但只要在春天，漫山遍野的兰花开的时候，战士们仍然喜爱着兰花都会在紧张的战斗间歇里情不自禁地随香去寻找。他们先亲切地看上几眼，再猛烈地闻一闻香，心中便会油然回忆起在浙东四明山上那段艰苦的游击生活和那里的老乡对子弟兵恩重如山的深情厚谊。

1949年全国基本解放，老徐身体里带着十几处没能取出的弹片，从部队转业到宁波参加地方建设工作。在这里他常常可以看到一些邻居养兰玩兰十分投入的情景，看着兰花好像有释放不完的馨香，尤其是一个个白色唇瓣若收若吐，上面红斑少许，如少女颊胲上的笑靥。老徐出自对兰花的特殊感情，曾多次去四明山寻找保护过自己并为他治过伤的亲人，也顺便采些兰花到家里来栽培。几年来，亲人虽没有找到，兰花却觅得不少，有素心、有蝴蝶还有多瓣多舌的奇花，加起来也有十数盆之多了。每当他获得一盆好兰花时总会高兴得废寝忘食；每当发现有兰草不明不白地死去时，也总会伤心得吃不下饭，整天里哭丧着个脸。周围的一些朋友说：“徐老开口说话，一准是三句不离兰花。”

1995年的春二月，消息从山里传来，朋友帮他找到了他一直想寻找的恩人的后辈。于是距山洞被救五十多年之后的那个春日，徐老带上礼物专程去四明山。那时救助过他的大伯大娘虽已早辞人间，但是他能见到恩人的孙辈人心里也挺高兴的。互相一见面没说上几句话，感情的激流涌起，一下把徐老带到打游击时的那段烽火岁月……交谈中他知道了曾背他进山洞的那位大伯，因当时鬼子和伪军搜山时发现了他们家门口的血渍，大伯立刻被鬼子兵抓走，最后竟惨遭杀害。大娘强忍悲伤，接替了丈夫的工作，她把对敌人的仇恨融进了对子弟兵无限的热爱里，就

大伯被鬼子抓走，惨遭杀害。大娘强忍悲痛，接替了丈夫的工作，她把对敌人的仇恨融进了对子弟兵的无限热爱里。坚持为小徐送食，送药。

是她坚持为当时的小徐送食、送药，一直坚持到组织把小徐从山洞里接走为止。真的忘不了呀，四明山的老乡！泪水一直湿润着徐老的眼窝。

这时大娘的孙媳金凤端上来热气腾腾的点心，她劝道："亲人相见应当高兴才是，还是谈点开心的吧！"于是大家又换了个话题来聊，可是还没聊上多久，话题又扯到兰花上面去了，大娘的孙子说"兰花是山里人的万能药，可内服，可外敷，能清火镇痛，能祛浊化淤。"徐老接着说"想当年，你奶奶老人家就是把兰根捣烂了再加些盐为我治疗枪伤的。"又说"目前兰花的经济价值还挺高哩，据说绍兴有位兰农卖掉了一盆兰花，其收入造了一幢高楼！"徐老告诉他们，自己离休后也迷上了兰花，见到了兰花就会想起负伤住在山洞里时曾经见到过石壁上长的那丛兰花，只那么一点土就能顽强不息地生长，青葱的叶子迎风摇曳，斑斓的花朵如彩蝶飞舞，这情景真令人终生难忘！在旁的孙媳金凤听了忍不住插嘴："我的娘家鄞县金蛾寺村地头边有丛兰花，年年能开花，那花啊真像一只只蝴蝶在飞，可香哩！大家在地头干活，总能闻到一阵阵香气，所以都舍不得把它挖掉。如果您喜欢，明天我就去挖几株，请我阿爹给您送去。"

第二天清晨，徐老告别了四明山，坐汽车回到宁波。也就是在同一天，大娘的孙媳金凤也专程去了娘家，她挖了几株带着花的春兰，并托付她的父亲把这兰花送到徐老家去。到了第三天，父亲便按女儿所告诉的地址专程来宁波送兰花，可是才到半路，老人家只记得徐老的姓名，却把住址压根儿吞咽到肚子里再也吐不出来了。"这可咋弄呢？偌大一个宁波，到哐里去打听？"心头着急的老人左思右想……突然他心生一计：哎，我何不把兰花带到宁波花市去！来花市买花的人应该有知道这位老游击队员的吧？

宁波的花市里真热闹，五彩缤纷的鲜花争芳吐香，老人刚放下装着兰花的竹篮，立即就有几个人走过来仔细地瞧个究竟，还有人耐不住性子开口就向老人问价。老人带着几分歉意连说："勿卖咿，勿卖咿。""勿卖？勿卖侬到嘎嗒来白相相嘎？"那人瞪大眼睛反问。

老人是个老实巴交的山里人，突然遇到这样的场面，心里愈加发了急。可这一急，心里的话就更说不出来了，他只是红着脸一个劲地横摇着头。却不知自己越是这样反而引来越多的人来看热闹。有人看到这是春兰蝶花，干脆抓住篮子不放手，非要买不可，大有再现昔日那"小打梅"的故事，直把老人弄得几乎要哭出来……突然间老人口里急出一句话："我这兰花是来送给一位老游击队员的，他姓徐。"听老人把话说完，抓着篮子的人竟一下松开了手。原因是大家都知徐老养兰已有多年，与花友之间关系融洽。还有人自告奋勇愿带领老人到徐老家去。

　　自此徐戎先生家里的兰花又多了一个新伙伴，当然会使他格外喜欢。看这新花朵形大，主瓣盖帽，左右二侧瓣平肩各有一半还多的唇化面上红斑红线艳丽，神韵有似蝴蝶向下俯冲之态。徐老和朋友们根据该花出处，为它取个"四明飞蝶"的名字。每当早春二月里，'四明飞蝶'总是率先绽葩，迎来众多兰友，它笑傲人间，为徐老和兰友带来共同的欢乐。

（本文素材由宁波、朱庚亮提供）

二十一

大老刘无意捡宝草
破砂锅飞出花蝴蝶

——春兰新花名品'志远蕊蝶'的故事

时在 1982 年春节正月十一日，天气晴和，浙西衢州市南的衢州化工厂（今称巨化集团公司）生活区市场里一片热闹景象，显然人们还沉浸在热闹祥和的年气之中，耳鼓里不时传来远近街头巷尾的爆竹声和锣鼓声，这里的人们正忙碌地准备着元宵灯会。

同一天上午，人声鼎沸的生活区菜市场旁边有两位来自乌溪江山里的中年农民，他们找块空地把带来的几麻袋兰草一股脑儿倒了出来，厚厚地铺开一摊，这兰草油绿健壮，根叶新鲜，该是刚从山上挖下来的。丛丛兰草几乎都带有花苞，吸引着那些逛街的、买菜的人们，大家一下子把这个小兰摊包围得水泄不通。那时候这里多数的爱花人还不太讲究兰花的花品档次，他们的要求并不高，只要能够多开几朵花，能感受到兰花特有的芳香就可以了。瞧！眼前围着兰摊想买花的那些人，正不屑花费口舌与卖兰人讨价还价，最后大都是以两三元钱一丛的价格成交后被欢欢喜喜地带走了。到了下午两点钟左右，这地上几麻袋兰花已经被众人买个精光。两位乌溪江来的农民，初尝到卖兰花的甜头，他们卷起几只空麻袋，满脸露着笑容，就匆匆离开了这喧闹的街市，赶紧去汽车站乘上班车回家。

志遠蝭蟧

"街上有人在卖兰花"的消息，就在当天很快传到许多爱兰人那里，一直到了傍晚时分，还能见到众多的人赶到菜市场来买兰花，可是让他们没有想到的是这菜市场边早就没有了卖兰人的踪影，只能见到地上一些零零散散没有花苞的兰草被丢弃着。有人懊悔自己来迟了没能赶上这么好的机会，不禁心里生起几分失望。就在这姗姗来迟的人群中，有位住在衢化厂附近的浙江安装公司（三工地）的爱兰人大老刘（刘志远）师傅，他是天津人，个子魁梧、脸阔眉粗、为人憨厚，爱花惜花。他面对零乱散落在地上被卖花人遗弃的兰草，顿时生起了惋惜之心，或许也有自我安慰的想法，于是他一声不吭地弯下腰来一根一根的把兰草从地上捡起来。随着夜幕的降临，在场的人们各自带着几分失望和遗憾的心绪先后离去，他们临走时互相安慰一句："明天可要早点儿，没准那几个卖兰人还会再来。"

却说大老刘回到家，把自己拾得的一把兰草往小花圃木架上一放，匆匆洗手后就赶快和家人们吃晚饭。直到第二天下午有花友来访，他们看到木架上的兰草，询问其来历，大老刘向花友轻描淡写地叙述自己捡来的经过。接着就找了个丢弃在墙角边曾经炖过肉但裂了口子的大砂锅代作花盆，又用普通的园土拌上些煤球渣作为植料，把这些捡来的兰草一一栽好，摆放到木架上，就任它们与建兰去做伴，也并不对它们有什么格外的重视和照料。

光阴似水，年华数度，这些曾被遗弃的兰草在刘氏小花圃里，不仅没有枯萎，反而以它们顽强的生命力年年生发着新株。如此一天又一天，时光不知不觉地过去了五个年头，这兰草不断地繁殖着，望去已是满满的一大砂锅。但让人百思不解的是这样的壮草却是盼一年没有花，再盼一年还是没有花。来看花的朋友说："人家扔掉的东西总是不会好的，要不然怎么会舍得扔掉？"也有的花友说："莫非它是雄草？要不然早就该开花了。"

1987年夏天，随着三工地新宿舍楼的建成，大老刘分到了新房，欢欢喜喜地乔迁新居，可这新居小花圃面积有限，而大老刘所植的兰花和其他一些花木数量却很多，使这个刘家小花圃实在显得有些拥挤。现实情况逼着大老刘只好割爱，拟大刀阔斧地作一次全面调整，他把一些档次不太高的花木置放到屋前屋后的零星空地，对这个大砂锅中只会长草却老不肯开花的兰花，干脆把它摆放到两幢高楼间那条狭小的弄堂里去。此后数年中，这草真的成了默默无闻的孤家寡人一般，从来无人给它浇水、上肥和治虫，一切让它自生自灭。

　　年岁在无声地流逝着，不知不觉中十几年眨眼而过。又是一个冬去春来，夏末秋至的时候，小花圃里许多的春兰、秋兰和墨兰，它们都在适应的季节里相继放过了花。唯有这砂锅里的无名春兰，仍如一个失语者，只能默默无闻地长在弄堂里，连当时因怜爱把它们从菜市场里捡回来的主人也有些越来越不在乎了，这砂锅里的兰花还是悄然无声地在狭窄的弄堂里苦度着岁月。时光悠悠，眨眼间已足足走过了一十五个年头。

　　时到 1994 年的春天，刚过了元宵节，梅花、茶花早传出大地回春的花信，各自都舒展着特有的姿色。在这明媚的春光里，花友们频频互访。一天，有花友来大老刘家赏花叙情，交流养花的心得体会。一阵春风吹过弄堂，钻进刘家客厅的窗口，带来一阵浓郁的兰香，无意间被客人们突然闻到，不由惊讶地赞叹几分"多么沁人心脾的兰香唷！"几位朋友跟着主人走出客厅，一起到小花圃寻找香源。不一刻，有位朋友突然用手指点着弄堂惊叫起来："喔哟，是这里开着兰花嗳！"大老刘一听，赶快侧着身紧挨着墙走进两屋间那狭窄的弄堂，端出这砂锅里已生生息息了十多年的无名兰花让大家好好瞧瞧。几位兰友看了这花，几乎同时惊呼："奇了！奇了！这花怎么会有三个舌头？"因为当时大家的鉴赏水平有限，还不知这样的花称为"蕊蝶"，但大家深信此花新奇，必有较高的价值。这在当时的衢州来说，它称得上是本地兰中的状元，而且是最为正宗的下山新花。有人高兴地说："大老刘你真是财运来了！"也有人试着为这草估价："该值两千元一株吧！"在大家的议论声中，有人建议主人先为这花去照个相。大老刘采纳兰友意见，把兰株从砂锅里倒出来，再换上几个新盆重新一一地种好，急忙捧着其中一个兰盆去照相馆为这宝贝花留个倩影。一路走去，引得路人纷纷的也流露出几分稀奇和羡慕的眼光。他一口气跑到衢化生活区的一家照相馆，开口就请师傅拍兰花照。这位摄影师傅看着兰花、闻着兰香，自我解嘲地说："我拍照四十多年，人像、风景拍过无数，但给这样的花拍照还真是头一遭碰上。"该怎么摄才好呢？对角度的远近、上下，他选择了好久。

仔细瞧这照片上的花容，它叶质细硬，叶凹横截面深如沿流沟；花朵的三萼瓣呈柳叶形，上端弯扭如纸风车，朝同一方向呈旋转之势，十分富有动感；花朵二捧全部唇化为白色，上面红点艳丽，这些条件都可以说明它是开品较为稳定的蕊蝶。

光阴过去了二十余载，爱花的大老刘在偶然中获得这宝草，实在使他兴奋不已，格外珍惜。他从花友的议论中知道此花价值不菲，但当朋友欲求此花时，他会不惜其价值之珍贵，慷慨而无偿地送给几苗。甚至有个人品低下，一心想作兰头头的人，急不可耐地想得到此花，接连数天以来，他必以每日早、中、晚三次从相隔十几里外的城里赶到衢化的刘家，还不耻用假"素心"兰去向刘师傅交换此花，大老刘信以为是真"素心"花，把自己的好花照样分给他六七苗。时日不多久，这"聪明人"的"素心"花开出来，原来全都是普通的行花！当时，花友们对"聪明人"的行为纷纷表示气愤斥其缺德，要刘师傅拿着假"素心"花去评理，但老刘却不愿去交涉。他说："花不过是大家玩玩而已，那个欺骗我的人，为了一点玩玩的草而丢了面子和人格，实在不合算，让他自己去羞愧吧！"

衢州出了好兰花的消息，很快在爱花人中被迅速传开。让广大的爱兰人知道自己家乡的山里有好花，只要能坚持不懈地去大山里寻觅，付出总是会有回报的，我们的家乡是一片希望的田野，这兰花就是一条致富的路子。也正是从这消息开始之后的若干年月里，衢州大山里就不断有好花被衢州人或外地人所发现。

俗话说："天上风云难测，人间祸福难料。"正当这蕊蝶新花第三次含葩欲放的那年春天，平时像个铁汉子的花友大老刘，却突因身体不适而住进了医院。在医院里，他还是像母亲牵挂着孩子一样惦念着兰花，几乎天天要问家人："那盆'蝴蝶'开花了没有？"待到"蝴蝶"一放

154

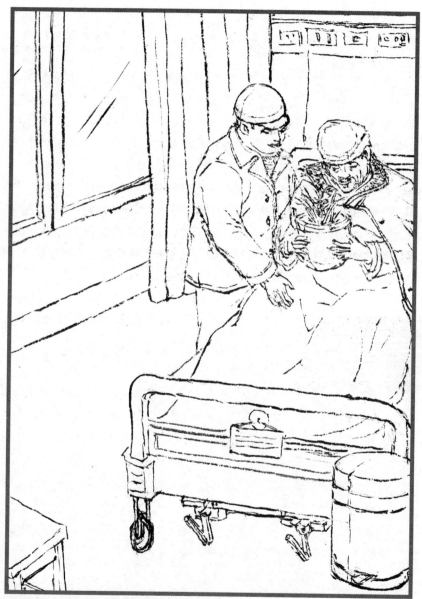

见这宝贝草，大老刘微颤着双手把它接了过来，脸上流露出慰藉和满足的笑容，两眼动情地瞧着，不时地闻闻香。

花，儿子马上把它带到父亲的病房。一见这宝贝草，大老刘微颤着双手把它接了过来，他的脸上流露出慰藉和满足的笑容，两眼动情地细细瞧着，还不时用鼻子闻闻兰香。

人常说："壮汉只怕病来磨！"往昔如铁打的大老刘住在医院里，身体竟一天天消瘦着，胃口也一天天变小了。在医院病床上，他整整度过了半年多时光，最后竟撇下了他心爱的兰花，永不回头地走了。使这尚未命名的"蝴蝶"也因主人的离去和当时家人的无暇顾及，一度生长不良。朋友说"花亦有情，大概为失去主人而黯然吧！"

不久，怀着不同动机的人来找大老刘的家属出让兰花，家属却一口拒绝，他们说："大老刘虽然走了，但他心爱之物还留在这里。见兰如见人，我们会好好地种养下去。"听了这话，实在使人感概不已！几位朋友经商量，把大老刘所赠予的春兰蕊蝶，用他的名字命名为"志远蕊蝶"，以表示大家对他永久的怀念之情。

（本文素材由叶锡志等提供）

二十二

陈先生药担选残草
新蕊蝶飞走又飞回

——春兰新花名品'友谊蕊蝶'的故事

在浙江绍兴城里，有位寿高八十多、身手强健的老兰家陈德初先生，他肚子里装有许多动听而带有传奇色彩的兰花故事，也时常与人说起自己与兰花的情结。因受父辈爱兰人的熏陶，他从小就钟情兰花。不知有多少回，他曾在山里的亲戚朋友陪同下上山去采兰，那些地方虽算不上是深山老林，而对于绍兴一带水乡人来说，却也该算是上了大山。可是每次上山所遇的却总是些普通的行花草。常常让他满怀信心进山去，却失望扫兴而归家，倒把人弄得个筋疲力尽，他发誓从此不再进山。可是过不了一月半月，两条腿却又有点痒痒了，还是情不自禁地要上山去，显然又是忘了前些次所吃过的苦头。但他心里还是暗暗地勉励着自己：上苍是公平的，不会辜负有心人，总有一天会遇上奇珍异品，给自己一个意外的惊喜……可是又十多年过去了，他心中燃烧着的希望，却都一次次成了泡影。运气跟他好像总是无缘，沉思良久，不如换条路子走走。

陈德初把希望从大山转到了兰担，冀望在担头里能巧遇上好花。此后，只要见到有兰担，自然都会去拣挑一番，半天都不肯离去。在兰担边，他听着那些卖花人总是把自己的花说得天花乱坠的好，而其实那些

友誼戀蝶

花大都只是下山的行花而已。时间长了，难免又会产生失望，致使兴致又慢慢减退。话虽这么说，可一旦遇上有卖兰的人，他总是忍不住要去好好看个究竟，摸摸这株、翻翻那块，心里禁不住自己笑自己：你这个兰痴，实在还没有真正死心呐！

　　那是 20 世纪 90 年代的最后一个春节即将来临之时，街上处处可见到热闹的节日景象。一天，陈德初去大云桥办完事顺路来到兰花街，一眼瞧见桥边有副草药担，什么鸡血藤、地骨皮、九煮还魂草、石仙桃……都一一地挂在担上，其中还有一小丛春兰残草。他细看这丛残草叶形细硬而深凹，中间有个呈牛角形的鸡粪麻壳色花苞，上有疏朗而纤细的筋纹从脚底直冲顶端，可惜这草伤残得太厉害，想来是被野兔啮食过的，且包壳上还有被虫咬食过的痕迹，不过根系还算完整，凭他的经验觉得这也许是株奇花，不知它是否还能正常开花，反正只是几毛钱的东西。不如碰碰运气，便买了下来。大年三十那天，孩子们还特地用红纸剪个元宝贴在栽植它的那只泥盆边，希望它来年能"开盆大吉"。

　　春节过后，这黄绿色的伤残草竟渐渐转绿，它好像在告诉陈老，自己已经服盆了。当暖融融的春风吹进兰室，催醒了屋里还在睡觉的兰花，这盆边贴着个红元宝的春兰，花苞却已日日见大，终于在元宵节这天开出了"三舌"之花，想不到真的是一只蕊蝶！这花净绿，无红筋的外三瓣质厚形挺，并稍呈收根之势，是十分端庄的长脚荷型花，二捧大小相等，上面的红色斑点以及白中泛浅绿的底色、乃至边缘的小齿和端部卷边的多少都恰到好处，对称一致；白色舌上"U"形红斑鲜艳，对比强烈，整花被一条长花梗高高地托起，神似蝴蝶停留花间，仪态从容、坦荡豁达。当年花后，新草随之萌发，但秋后却没有起花。直到 2001 年 2 月才重新复花，其花开品和落山时一样，足见其性状十分稳定。

　　一天，好友金必先来陈家看花，见到这蕊蝶的神采，脸上流露出渴望得到的表情，几次欲开口提出，但话到嘴边又止。陈德初知道朋友心中所想，就主动提出等花后分给一半，金必先惊喜非常、连连点头说了

陈德初去大云桥办完事，顺路来到兰花街，一眼瞧见桥边有副草药担，看见了挂在担
上的一小丛喜兰残草……中间有个牛角形的花苞。

几个"谢谢"。说起朋友金师傅，他兰技极高，不久后他分得此花，高兴之余自然是细心培护，当年就发了新草数苗。陈德初自己所留的这块，长势也很是茁壮。却不料有一天全家人外出去亲戚家作客，忘了关好兰架旁那块空地上散放的几只鸡，它们趁着没有人看管，竟飞上兰架，打破兰盆、啄坏兰草，满地狼藉一片，这盆新花蕊蝶也被连根拔起、伤痕累累。陈老回家一看到这样的现状，一下心都凉了半截，他暗自想着：这新花虽得之偶然，价也不贵，但它却是自己十分倾情之物。从草药担里买回那稀稀拉拉的一点点受伤残草到发苗吐蕊放花，这个漫长而细致的辛苦过程，只有兰知、他知！看到眼前这情景，怎能不使他心中疼痛难忍？后来虽几经救护，但终究未能把它从死神手中拉回。它像一个遍体鳞伤的人那样，带着无力回天的伤痛匆匆而去，竟没有留下一句与陈老痛别的话。时间过去很久，陈德初心里却仍忘不了这花的形象特色，他深深惋惜这兰花的红颜薄命！

又是一年春风给人们送去兰香的时候，金师傅来陈家赏花，他问起今春蕊蝶新花是否再芳？陈德初终于带着几分痛惜的口吻，把该花仙去的消息如实相告。金师傅听了也深感惋惜，他告诉陈老一个令人振奋的消息，说两年前自己从陈老这里分去的新花蕊蝶兰草，如今已发得又大又壮，今年还开了花，主动提出分割两苗让该花重返"娘家"。陈德初听了心中真是不胜欣喜。兰苗分来之后，经陈德初悉心养护两载，苗草生生发发数量渐渐增加至六苗。2008年新春时节，这新花蕊蝶终于在陈家院子里重新放花。

陈德初望着这重新飞回来的"蝴蝶"，沉思良久，心里觉得庆幸和慰藉，这真是不幸中的万幸！他想：那时幸亏分了些草给朋友去种，体现出的是兰谊兰情。恰巧正是这种情谊的回报才使这新种蕊蝶还能得以保存，不至于走到绝种的地步，要不然怎么能再次拥有它呢？内心不禁感想频生。于是就给此花取名为"友谊蕊蝶"。

添喜之余，老陈细细静思着：人啊，千万不要以世俗的贪欲之心来对待兰花！具体一点说，兰花来到人间，是给大家赏玩的，切忌有独占隐秘的心态，可知在历史上曾出过许多非常好的新花，由于被心态隐秘和独占为殊荣的人栽培失手，致使那好不容易得到的天生灵草，魂归天国遭致不幸，竟成为昙花一现。这是多么让人惋惜和痛心的事啊！唯有能让珍品兰花代代相续和使之发扬光大的人，才能称得上是真正的爱兰之人！

（本文素材由陈德初提供）

二十三

王水堂地摊拣异品
遭冷落阿水收异品

—— 春兰新花珍品'五彩蝶'的故事

江浙春兰新花名种'五彩蝴蝶'的三萼片短圆，蚌壳捧，大圆舌，中萼与二花瓣色翠绿，它们的基部都有呈放射状的红线，两侧萼端部后翻，下部唇化面积超过一半以上，中间以一条粗而红的横线为界，分成上半面翠绿色，下半面唇化白色。整花从上到下，构成色彩较纯的绿、红、白三色，反差度极大，艳丽非常，因而又有人称它为"三彩蝶"。此花蕊柱微黄，莛高16厘米左右，花着生在干上有俯冲之势，犹如彩蝶正凌空飞落，具有静中寓动的气韵。它的叶色深绿，叶形呈弧状弯垂，是自然美与形式美的结合。因花品形象酷似古时失传名种'五彩蝴蝶'而得名。近年也有人称之为"日月蝶"和"明蝶"。如果要寻根问底起来，它也有一段有趣的经历哩！

那是在1983年时，国家经历了几年改革开放的政策实践之后，举国呈现出一派莺歌燕舞的盛世景象。绍兴人在这改革开放的大潮中更是大显身手。经济建设的繁荣，直接带动了兰花产业的发展。这一年，绍兴不但成立了兰花协会，而且还开展了以兰为市花的群众性评选活动，使兰花身价不断得到升涨。社会上涌现的"兰花热"鼓动起更多的人去山中觅兰，他们的足迹遍及大江南北的深山幽谷，使那些曾在山上生息了

五彩蝴蝶

好几十年的兰花，终于被人觅去而卖出大身价，并被人们栽培到了盆子里、兰室中犹如珍宝。

却说绍兴城南兰乡漓渚棠棣三社村，有位兰农名叫王水堂，他脑子灵活，对新鲜事物很是敏感，看准目标之后首先便在自己所承包的责任田里搞起了多种经营，他在近水边的田里种上茭白，当年茭白成熟后即上市买卖，虽说是甜头初尝，但也确实收入不小；接着他看到各地正在美化环境，大搞绿化，那花卉苗木必然走俏，立刻又在旱地里开辟出一大块花木基地，引进了如：五针松、茶梅、茶花、月季、杜鹃、桂花、广玉兰、雪松之类许多种类，采用扦插、嫁接、播种等方法进行大量的繁殖。此后，他就把自己育成的那些花卉苗木装在担里，陆续挑到城中花市去卖钱。可是在花市里，他眼看兰花比自己的花木值钱，常是自己卖出去的一担花木款还比不上人家几株兰花卖的钱多。他心中深思：看来兰花比其他花木要走俏、值钱得多。他并非不懂得兰花，只是因做兰花生意需要大本钱，自己若想要当兰花专业户，显然一时还没有这样的经济能力，但不论怎么样，这兰花生意却是一定要做了。于是他脑子一动，计上心来：哎！我何不趁在花市卖花之时到那些兰摊里去转转？如能挑拣出几株好花，附带着跟其他的花木一起来卖，这不就是双管齐下，一举两得？

王水堂是个想到了就要做的人，在随后的几天里，他都坚持到花市中各兰摊里去转悠，果真被他挑到几丛较好的兰草，他把这些兰草放在自己的花摊上不多时就以比原价高十倍的价格售出，有很多次几乎是当天买进，就立即在当天卖出。水堂的经济收益也由此而迅速增加，他心里乐了，买卖兰花的积极性也更高了。

可是他也遇到过一些不尽如人意的事，近日他有一块四草一花的外蝴蝶新品，自感拣得特别理想，认为一定可以卖个大价钱。不料几天过去了，只有看的人却没有成交的人。同村来卖花的人取笑说："你这个'高价姑娘'自以为年轻漂亮，这个来买不成，那个出价太少！总有一天它变成了老太婆，看谁还会再要？！"一向处事聪明的王水堂这一下也想不通他到底在哪个节骨眼上出了问题呢？原来他忘记了绍兴兰界里有

一句俗话叫做："外蝴要逃、内蝴不跑"的话，这话的意思是说外蝶品种性状不够稳定容易变成"行花"，花的价值不会太高，因此人们对它也就不会太看好。而水堂心中暗自查找原因认为是前些天自己价格出得过高了才没人买，所以这些天他把价格放得一低再低，可是价格放低了反而更没人买了。时间又过去了好些天，兰草因离土太久，整块看去已是没有了下山时的那股鲜活生气，要是再卖不掉的话，即将成为干草一束，血本无归的不祥后果显然已可预料。

　　一天早晨，王水堂和同村卖花的人在漓渚镇新街口等公交车，正好见一位腿脚有些残疾的人从马路对面屋子里出来，他五十开外，身体结实，颅顶已经谢发，水堂一眼看去就认出他是绍兴名兰家诸水亭先生，就赶忙迎上去打个招呼。他告诉老诸，自己有一块带花苞的外蝶，愿意以最低的价格出售。诸水亭一听却不以为然，因为他已从水堂口里明白了这花已被很多人看过了，不会有多大的出息，但由于王水堂一再恳切要求他看看，出于情面诸水亭勉强抓住草细看起来：这花苞因多人剥过，边角已经干涸发黑，但审视唇化部分，白、红、绿三色交接之处泾渭分明，花萼花瓣色彩清丽、喉管明显，白色大圆舌上那纯度甚高的玫瑰红"U"形斑大而鲜艳，花虽开长久，但香气犹存。诸水亭何尝不知古人的话："拣得虫种虫要逃，拣得外蝶蝶要飞"的话！意思是说一般的外蝴蝶开品性状不稳，常有开"半边蝴"甚至变成"行花"的，这种现象他确实见得多了。但今天他觉得此花各颜色边缘界限清清楚楚，没有相互混杂一气而形成灰蒙不鲜的色彩，更有明显可见的喉管。凭这些特征可以断定此花具有相对稳定的性状。可惜这兰根因过干而萎缩，且多处被折断，只靠根骨相连；小巧的弧形兰草虽不失秀气，但可惜上部叶脉突出，叶肉凹陷黯然失色。要想再种好它，实在有一定难度！但在王水堂用好言语一再促销下，诸水亭答应收下此花。

　　无情的市场规律告诉王阿堂必须丢掉天价幻想，能收回成本就算好了。他只好以实话相告老诸：此花系自己从地摊上拣得，听卖者介绍，是从平江水库深山里所觅得，他用当时的一包西湖牌香烟之价（3元）得到。诸水亭听后思考一阵子，决定参照原价的十倍买得此草。王水堂大喜，收下了 30 元钱后顿时心中轻松许多，他庆幸自己还是赚了钱。不多一会公交车来了，王水堂跟同村进城去卖花的人赶快上了车。车上，几个卖花的朋友轻轻议论起来：一个人说"这个阿水呀真是聪明一世懵懂一时，这样的草还能种活吗？神仙都没有这本事！"另一个说："阿水虽是种兰高手，但他忘了'医能医病，不能医命。'的道理，有的病连医生都医不好的，就像他自己那只脚怎么也没能医好。这兰花已经只剩了一口气，看来种不活了，这一次他那 30 块钱是扔到水里去了！"

却说诸水亭得到此草后，心中坚信它将来必开好花。他满怀信心先动手剪去残花败叶和干枯了的脚壳，细作整理后又用托布津液浸没根芦消毒 30 分钟，捞出兰株用清水冲洗干净，再挂风口晾干水，不等过夜（原草已很干，根已皱缩）即用新泥上盆。他家种兰不用暖房，冬时御寒也仅是普通有窗的房间而已，他给此花倒套上个塑料袋子，用牛皮筋扎住盆口，算是保湿保暖的特殊照顾，并做到过几天解开塑料袋看上一次，既可换气又可观察兰苗生长情况，并适当浇些水。

日子过去了八十多天，冬日即告过去。大地上是一片暖暖的春意，诸水亭对儿子说"此草已开始长新根了。"儿子问他怎么知道？他说："你只要看看草，它们已从干瘪变得润泽起来，就可知它已有了吸收养分的能力了。"夏去冬至，春秋几度，诸水亭都一直把此草挂在自己的心上，总是一丝不苟、措施得当，在整整经历了五个春秋之后，终于功夫不负有心人，此草在 1988 年春天放了花，诸水亭带着'五彩蝴蝶'去广东参加在广州举办的首届中国兰花博览会，一露芳容就受到广大兰友的喜爱，一举夺魁，此后又多次参加兰展，这'五彩蝴蝶'飞来飞去，誉满大江南北。眨眼间四十多年过去了，'五彩蝴蝶'其价一高再高，却还是不能满足爱好者的需求。直到今天它仍是许多兰友所心爱、喜栽培的名品。

（本文素材由金振创、胡海洋、胡志源提供）

二十四

叶志庆爱兰情难舍
苦寻觅新岁遇名品

—— 春兰新花珍品'庆梅'的故事

时在 1977 年，改革开放的春风吹遍了祖国的大江南北，浙江绍兴县的外贸部门捕捉到国际花市对兰花需求正在激增的信息，计划决定在漓渚镇投资创办一个兰花繁育基地，艺兰高手叶志庆师傅被选为这基地的负责人，他一手抓兰场的基本建设，一手抓品种搜集工作，在短短的一年里，基地已拥有了'绿云''宋梅''西神梅''环球荷鼎''大富贵''新春梅''圆蝶梅'等新老品种 80 多个。由此引来了上海、广东、江苏等地的客人来兰场考察、洽谈协作和发展事宜，兰场里的许多品种远销日本、美国和韩国等地，获得了可观的经济效益。自此周围村庄里的人也纷纷效仿起来，先后竟办起了 20 多个兰园，绍兴漓渚又成了真正的兰乡！这是带头人叶志庆用兰花这把钥匙打开了共同致富的大门。要说叶志庆爱兰的故事，真是太多太多了，一下哪能说得完！

回忆那是 1962 年春天，正是国家三年困难时期。全国各地正贯彻"调整、巩固、充实、提高"的八字方针。本可留在北京中山公园兰室当技工的叶志庆，主动打申请报告要求分担国家困难，回乡务农。他领了 400 元的精简安家费，惜别了爱兰的朱总司令，毅然离开了北京中山公园里与自己朝夕相处的兰花。

慶
梅

在火车里，他一直默默地坐着，扭头望着窗外，两个眼眶噙满着泪水。谁能知道一个与兰花相依为伴、一心情系兰花的人突然离开了兰花，这种难以割舍的深情真像母亲离开孩子那样撕心裂肺般难受！火车轰轰地不断飞跑着离北京越来越远，叶志庆的心也变得越来越沉。为了寻找心中的失落，他在途经上海时下了火车（当时车票两日内有效），寻找他曾在张家花园植兰时所认识的那些兰友。他不顾家里正需要钱，竟花去了精简费的一半，向朋友买了8盆兰花，带着它们重上火车，到家后的第一件事就是将它们一一地上好盆，莳养在自家的天井里。希望能天天看到这些兰花，借此来抚慰自己心头的失落与寂寞。

叶师傅酷爱兰花，很想上山去找兰花，但那时在生产队里必须天天出工，只能利用节假日生产队里难得放假休息的机会去解解馋、过把瘾。那是1972年的春节大年初一日，天气虽然寒冷但阳光灿烂，叶师傅背把锄头、带个竹篮，早早离家上了大山，当天下午，终于在海拔一千多米高的绍兴名山香炉峰的山窝子里一处长有荆棘丛的地方，发现有一丛春兰长在那里。只见它的花苞才刚刚"痰吐"，却已是可闻到阵阵幽香。他用锄头刨去周围的荆棘，稍作清理之后蹲身细看：只见斜立带弓形的叶子质厚而宽阔、色翠绿而油亮。长约10厘米的嫩绿色花干上托起尚未放足的花朵，却已可认清其形是三萼短脚圆头细收根，端部紧边，分窠软蚕蛾捧，其色清净。白色小如意舌前端鲜红色晕一点，分外妍丽。全花嫩绿，细看萼瓣有深绿色暗筋纹，五彩包壳上沙晕满布、条条筋纹清晰且连续不断。叶师傅挖起这丛四草、一花、一苞的春兰，把它托在自己手上看了又看，然后才深情地放进自己带来的竹篮里。他的心中漾起一阵阵喜悦，一直甜甜地想着：大年初一得到这样稀罕的宝贝，这就预示着一年的好运啊！虽然这里是山高风寒，衣着单薄的叶志庆不时地还打着寒战，但得了宝那种特有的兴奋却使他心头异常热火。

下山来，他走在弯曲的路上，肚子竟咕咕地叫了起来，这时他才感觉到确有几分饥饿，可是衣袋里是空的，既没有钱又没有什么干粮！只能跟自己的肚子商量："你就忍一忍吧！"下得山来他抬头看看天边，夕阳已是悄然离去，夜幕便跟着降临，远望雾气中的村落和大树只能见到

春节大年初一日，天气虽寒冷，但阳光灿烂，叶师傅背把锄头，带个竹蓝，早早离家
上了大山，当天下午终于觅到新花"庆梅"。

露出的屋顶。叶志庆注视前方，心头不免着急，还得赶二十几里路才能到家哩！他加快步子匆匆地走着。

却说绍兴民间有个非常传统的习俗，那就是年三十夜称为"熬年夜"，大团小女一家子人都可以一夜不眠、尽情玩乐。但大年初一要"赶鸡舍"（赶紧睡），家家都要提前吃好晚饭，天尚未黑就要关起门来早早地睡觉。可是今天叶家却是破了这个惯例常规，妻子诸幼婷（诸涨富之女）早上见丈夫背把锄头离家，知道又是去挖兰花，总以为下午三四点钟时丈夫就会回家，虽然那时生活条件相当艰苦，她却还是做了一些比平日里要丰盛可口的菜肴，盼着丈夫早早归家。可是一等二等，等到天都黑了，村里很多人家都已熄灯安睡了，却还没见丈夫回来，她安顿好孩子后自己便坐在一把小竹椅里，几分焦急地等着孩子他爹能平安回家，直等得双脚都感到冰凉起来……

"哎嘿！"门外有人一声咳嗽，妻子就知道是丈夫归来，赶紧开了门，只见丈夫竖起的头发上结起白白的一层冰花，锄头柄上挂着的竹篮里却有兰花吐着芳香，她带着几分心疼的口气埋怨丈夫："你怎么这么晚才回来？"叶志庆脸上挂着憨厚的笑，语气里却带着哆嗦，用手指点着那只装着兰花的竹篮说："今天我在香炉峰山上挖到了一块梅瓣新花，可好哩！"他身上虽感寒冷，却因得到好花，奔腾在心河里的那股暖流早把那寒冷给驱走了。

妻子赶快倒盆热水让丈夫洗脸洗脚，又倒杯热茶让丈夫喝上几口暖暖身子。一会儿她又从灶间里端出一碗热腾腾的糖余鸡蛋给丈夫吃，并告诉他"今天是你的生日！"叶志庆心里又是一阵感动，他看着熟睡中孩子的小脸对妻子轻轻地说："还是留给孩子吃吧。"

第二天，叶志庆把这块四草二花的新梅瓣栽入盆中，然后把它放在自家天井里跟其他兰花莳养在一起，一切显得极为平常。在那特殊的年月里，兰花并不被人看好，很多漓渚的兰农早已金盆洗手告别了兰花，他们忙于生产队里繁重的农活，即使有人偶尔得到个好花，也觉得十分淡然，根本不会引起什么轰动效应，采兰养兰的人如同兰花一样地默默无闻。所以要说叶志庆挖兰，也纯粹是他的一种兰花情结，是一种心理上追求安慰与满足的举动，因为他对兰花实在太一往情深了。可是在他的心里，压根儿就没有考虑过以后能够卖多少多少的钱，一切自然是无欲无求、无怨无悔。他常常想起朱总司令是个多么爱兰的人！自己心里一直以来有这样一个愿望，那就是有一天能把自己亲手采觅的好品种兰花送些给总司令老人家去莳养，遗憾老人家在叶志庆还没有觅到新花礼物之前就与世长辞了。

　　默默无闻的兰，默默无闻的兰人，一年又是一年的默默无闻，可令谁都没有料想得到的是在十年之后，兰花竟会迎来一个新的春天！叶志庆多年莳养在家里的兰花被人引种，走起俏来，他采觅的新种'倩女'（红耀梅、红宋梅）和'庆云奇蝶'（多朵蝶）在全国第四届兰博会获得金奖，还有那年正月初一日采自绍兴香炉峰冠名为"庆梅"的春兰新品又在全国第五届兰博会和浙江省兰展会中双双获得金奖，受到各地兰友的青睐，纷纷被引种去栽培，也由此而致使那些先下手向叶志庆那里引去兰花品种的人，因为有'庆梅'等这些走俏品种而实实在在地先发了大财。

（本文素材由叶志庆、叶华良提供）

二十五

李木匠献花成状元
永福素三朵救两命

——建兰传统名品'永福素'的故事

　　许东生先生是福建漳州的一位艺兰家，也是一名撰写兰花的科普作家。二十八年前，许先生还在福建农村的一所中学里任教。那是星期六的下午，他跟随由学校回龙车村的几位初三学生去进行家访，让他看在眼里的是这个村子里几乎每家每户都栽有几盆建兰和寒兰，凭他研究兰花的直觉，知道这一带山上必有兰花生长。于是在此后的一个星期天，他邀了几位学生陪同去龙车村山上采兰，当他们来到一个叫水尾的自然村，远远看到山崖上有个比两扇大门还要宽阔些的石洞，出于好奇，大家都不约而同地朝洞口跑去想看个究竟。

　　这石洞并不深，人进得里边就像走进一个大厅，抬头瞧瞧，只见长方形的洞顶上挂着四个大铁钩。再看四面，除了光秃秃的石壁，再也没有别的什么东西。正当大家感到疑惑不解之时，见一位牧牛老人牵着牛经过洞口，老人笑着问：看到了什么？学生们迎上去问："老大爷，这山洞是做什么用的？"牧牛老人先把牛拴在一棵树干上让牛自在地吃草，自己便饶有兴味把这个山洞的来历告诉大家：

　　这里原是历史上一位"献宝状元"的墓地，初建时曾十分风光。后来被人盗挖得一干二净，只留下了眼前这空空如也的石窟。要问这献宝

永福素

的"状元"是谁？怎么会在这里给他筑墓呢？于是大家都静静地围住牧牛老人，听他讲"献宝状元"的故事。

相传在清代嘉庆年间，福建西部永福镇有个叫鼎钟山的自然村，当时村里有位叫李邹春的木匠师傅，他的手艺名闻遐迩，能镂雕龙凤狮虎、能建造亭台楼阁。一次李木匠因雕刻梁柱之需，亲去深山采伐优质木料，鼻子里忽闻一阵阵兰花香，使他一时竟忘了自己上山是来做什么的了。他不由自主地就随香寻找起兰花来，并且不断走向纵深处，足足寻找了大半天，好不容易在有一人半高的大茶树边的岩石缝中见到了数簇株叶宽阔、花大色白、芳香四溢、潇洒脱俗的素心建兰，高高的花莛超出了叶架。李木匠脱下外衣包起兰花和一大堆兰花周围的原生土，带回家后按兰株大小分种了三盆。此后他便用心地莳养着它们，像母亲关心孩子那样，浇水、遮阴、施肥等等，总是做到一丝不苟，兰花也以年年在秋天时放花吐香加以回报。在具体实践中李木匠掌握了栽培、养护、复壮等等诸方面的经验，把这些兰花种得根旺苗壮、花繁叶茂。不上几年工夫，三盆素心兰变成了五盆。李木匠看着这越长越多的兰花，心中非常欢喜。

又是三年之后，郡里的官家派人专程前来鼎钟山村，请李邹春师傅去修建屋宇，因工程量较大势必要长期离家，"那我家里的兰花该怎么办？"李木匠心里一阵思量。这是他的心爱之物，交给别人管怎能放心？一时竟使他犯起了愁。最后他终于作个两全之策，挑上两盆带到郡城摆放在自己去干活的东家那里，这样既可与这素心花为伴，又可以不误做工干活啦！

翌年秋天，东家来了客人，据说是京城皇上身边的大官，这次返乡知道朋友家大兴土木，想亲自来看一看，以示恭贺。他衣冠楚楚，慢吞吞地踱着方步迈进屋来，确实是一副大官气派，刚进大门就闻到了一阵阵浓浓的兰香，顷刻之间竟忘了官仪官威，连忙加快步子近身细瞧这兰花，并在这刚毅劲节、苍然可爱的兰花面前徘徊良久，其依恋兰花之心已经溢于言表。东家出来迎接，一个劲地说了许多客套话，大官却不声不响显得冷淡，表现出心不在焉的样子，东家也是为官出身，自然观察

皇后鼻中闻到奇芳，接着又喝了兰花汤，脸色泛红，浊气下降，气血流通，肚中的小皇子便呱呱堕地了。

力特别敏感，他心里老在想，究竟自己在何处得罪了大官？可他哪知大官竟是被兰所迷。过了一会，大官终于忍耐不住，开口问东家："此兰从何处所得？"东家回答："这兰是一位在鄙处干活的李姓木匠师傅所带。"大官一听，当即要求东家带到工场找李木匠，脱口向李木匠提出求购，木匠却不顾什么大官不大官，一直摇头不肯出让。东家赶紧把客人引到客厅，看茶、用点心……连声加以安慰，表示一会儿自己再去找木匠商量。最后在东家再三恳求下，木匠李邹春才答应割爱一盆，并立即动手一分为二，栽成两盆，一并送给了这位京官。

不久大官赐假期满，即日启程返京，他也像李木匠一样随身带上兰花，一路风尘仆仆直往京城，回京后的第一件事就是把两盆素心芳兰敬献给嘉庆皇帝。这皇帝虽读过许多兰花的诗词歌赋，却从没见过兰的真物究为何样？现在眼前所见，乃是实实在在的王者之香、稀世珍宝！

又是个翌年之秋，正是这兰花盛开的时候，王后分娩却遇上难产。接连拖了三天三夜，她力气耗尽、脸色苍白，多次昏厥过去。宫廷的御医个个抓耳挠腮，医技穷极，宛如热锅上的蚂蚁。大官知道皇后难产的消息，急速求见皇上，告诉他兰花是秉天地灵气之物，赶快把那两盆兰花移放到皇后卧室，让皇后闻香开窍，另摘这素花三朵，在沸水中浸泡，把汤和花一起让皇后服下，皇后就能平安分娩。皇帝听了即令内宫差人照办。不一刻，皇后鼻中闻到奇芳，打个大呵欠醒了过来，接着又喝了兰花汤，便见脸色泛红，浊气下降，气血自然流通，肚中的小皇子一下便呱呱堕地了。

"一香救两命"的奇迹，使嘉庆帝万分喜悦，他出言要赏赐这位送兰的大官，并再给予晋爵。大官一听赶忙下跪"启禀万岁，此兰实乃是故里一位叫李邹春的木匠采自老家山中，他一直视为至宝，下官省亲时相遇，特地求购来敬献圣上。"皇帝听后大为感动地说："爱卿请起！爱卿献兰献方，连救两命，于理而言，实该晋升，官为一品；木匠李邹春采兰割爱，其功不小，于情而言，封为'献宝状元'，并赐官名为太尉；此兰封为'宝兰'；兰产地的福建漳平永福镇后于村鼎钟山，敕封为'宝山'。"

　　木匠李邹春谢世后，皇上特地派专人为他在鼎钟山造了这墓，对他歌功颂德。可惜这大气派的墓被后人盗挖一空，唯一没法盗走的就是这个石洞和四个铁钩子！但素心兰花能催生的动人故事，却永远流传在民间。

　　听完故事以后，孩子们谢别了牧牛老人，感触良深，回家路上，他们边走边议论起来。有的说："人心贪婪！如果这山洞能搬走的话，可能也不会留到今天了。"也有的说："这个当大官的人心地还算不错，皇帝面前还能想到木匠，没有争功诿过的官场陋习，能这样当官的人实属难得！"

（本文素材由许东生提供）

二十六

店老板以诚交兰友
褚老汉报恩赠素蕙

——蕙兰传统名品'金㖞素'的故事

　　嵯峨峥嵘的浙东四明山，奇峰迭起，古木参天，它日夜俯视着东海，展现出雄伟博大的气魄。在山间，阳光透射过叶丛，筛落出无数的斑斑金点；在崖间，银河飞出，摔打在岩石上溅成万千颗珠玑，化作淙淙溪流，随着山势的落差，而汇成悠悠的蕙水。在这秀美、温润的大自然怀抱里，孕育着兰蕙得天独厚的丰富资源，致使余姚在历史上能成为江南兰蕙的集散地之一。

　　相传在清朝道光年间（1767—1850），余姚城北有家出名的泰号酒店，酒店老板徐溪三平素极喜兰花，他和许多花农花友关系极为亲密，尤其和来自金㖞山村的花农褚坤先老汉，简直亲如兄弟一般。褚老汉五十多岁，身板结实，两鬓染白，浓眉下一双炯炯有神的眼睛，脚上穿一双箬壳草鞋，走起路来咕咕作响，他更是泰号酒店里几十年来的一位常客。每到春二三月间、是余姚的兰花盛会时节，褚老汉总会挑着自己所采觅的兰花进城来卖，夜晚自然又来泰号里投宿。他们经过几十年的交往，相互间友谊日深，有时褚老汉偶染风寒，徐老板总会出钱请个郎中先生给老汉瞧病，还亲自熬药给老汉喝，又吩咐店伙计送饭送水，加以细心照顾，常常连住房钱都不肯收取，这一切尤使老汉感激涕零，心

金盃素

里不知道该如何报答才好。

常言说："人生易老天难老"。过了清明又到重阳，大自然在四时交替中年复一年，这无情的岁月慢慢地把褚坤先塑造成满头银丝、皱纹纵横，脊梁骨微驼的一位古稀老叟。

又是一年的春天来到，山村里菜花金黄，蛙声十里，斑鸠鸟在树枝上急急地呼唤着同伴："快快过来，快快过来！"往年这时候褚老汉总是嘎吱嘎吱地挑着满满的兰担来到泰号，今年却咋不来了呢？徐溪三日夜挂念着他。直到春分后的几天，才见褚老汉背着个小竹篓来泰号酒店。整整半年多没有音信来往的老弟兄，相见时自然显得是特别亲热。

褚坤先呷上口茶，咕嘟咕嘟嗽一嗽嘴，才深情地与陪坐的徐溪三说："二十多年来，我多次出入在宝号里，承蒙先生多方面关心照顾，内心除了感激，也时有过意不去的想法。现今我年事已高，精力也一年不如一年，不知以后还能否再来城与先生相会？"说完话，他躬身从竹篓里取出一丛叶子细长尺半且深绿有光的蕙兰，把它放在桌上，继续对徐汉三说："这是我在五年前从家乡高山深处所采得的九节兰素心花，它的全花朵朵翠绿，外瓣和捧晶莹似碧玉。可以这么说，这辈子我再没有采到过比它更好的品种了，几年来我把它当成自己的妻儿一样，一直深爱着它，并且不让别人知道。今天我专程带它来送给您，希望它能不断繁衍相传。"老人的两眼噙着泪，话语中使人感受到老人对这九节素蕙深深的眷恋之情。

褚坤先交代完毕就起身告别徐汉三，无限深情地离开了泰号酒店，老板怎么也留不住他，只好出店相送，默默地目送褚老汉的身影渐渐地远去。

徐溪三怀着怅然若失的心情回到酒店里，捧起这丛蕙草，凝泪无语地注视着它，心里意识到它不仅是一丛蕙兰，更是褚老汉的一颗真挚赤诚、重情重义的心。

潇潇春雨，润泽着江南大地；和煦春风，催醒了万山野花。又是一年春天匆匆回返浙东，徐溪三栽培的素蕙一朵朵自下往上开放了，绿壳绿梗，三萼似荷似仙、质厚肩平，似蚌壳撑开的捧里半藏半伸着茸质

褚坤先说:"这是我在五年前从家乡山间采得的素心花,我把它当成自己的妻女一样,今天专程带它来给您。说完就无限深情地离开了泰号酒店。

的唇瓣，徐汉三心里感到无比的满足和快慰。接连数天，不断有人来泰号酒店里观花，有人赞美，有人羡慕，也有人以酒店名字给它起名"泰素"。这蕙素新种放花半月，三萼瓣依然如始花时一样，舒挺而不后倾，徐汉三整天乐滋滋地热情接待着来店赏花的兰友，却是再也没有见到褚坤先的身影，不禁怅然几分，心中时常如潮般涌起对金岙山里那位老友深深的怀念之情，为此他给这花取名为"金岙素"。

有一天，徐溪三正陪朋友赏花之际，忽然家人急急来报"太太快要生了"的消息，徐溪三赶快回家，当他正走到内室门口，耳间就听得婴孩堕地时呱呱的一阵啼哭声，内室里传出话来："生了个千金！"徐溪三大喜过望，不由脱口说出了"好个'金岙'姑娘，好个'金岙'姑娘！"女儿还没见面，名字倒先有了。徐溪三先得素蕙，后得千金"金岙"真是双喜临门啊！

金岙姑娘渐渐长大，她有修长苗条的身姿，一对聪慧的大眼睛忽闪忽闪，到了十七八岁时，更是水灵得像朵兰花花，当时不知有多少远近的大家、富户托人来说媒，但都一一地被金岙姑娘拒绝，她告诉那些媒人："我一生只爱兰花，终身不嫁。"这位金岙姑娘爱兰的故事曾令一位来余姚考察兰花的日本兰家，即《兰华谱》的编撰人小原荣次郎听得十分感动。在1927年春时，小原荣次郎再次上余姚来采集兰花品种，他趁此机会特地抽出时间到徐家去拜访金岙姑娘。可是岁月无情，昔日这位年轻貌美的金岙姑娘今已成了头发花白的老婆婆了，不禁使小原荣次郎的心间压有良多伤感，两位异国的兰友互相切磋兰艺，聊得十分投机，抚今追昔，这怎能不让人感慨万千！临别，金岙阿婆还把一盆心爱的'金岙素'赠送给小原荣次郎。这又是历史留下的一段中日兰友间相互友好交往的佳话。

（本文素材由陈德初等提供）

二十七

遇知音小荷涉东洋
学成归人去空留楼

——蕙兰传统名品'丁小荷'的故事

在古今的一些兰书里，先后有记载的名蕙品种约有六十个左右，其中一个叫"丁小荷"的品种，历来被誉为杰出名种。

'丁小荷'的大花苞刚长出来时是青麻壳色，但随着它的发育，会慢慢地转成绿壳。它的花，外三瓣头尖如戟（古代兵器如红缨枪头），平肩、紧边、收根放角；两个捧瓣尤显光洁、柔糯，形似剪刀，颜色金黄，素有金捧'丁小荷'之称；其舌长而不钩，花色绿中泛微黄。整个植株挺拔、秀丽，如青春女子娇艳的姿色。

也许人们会问：明明属于飘门水仙型的蕙花品种，怎么会称它是"荷"？要说明这个原因，还得从一段男女之间委婉而带有痛苦的浪漫史说起。

相传在清朝同治三年（1864），正值太平天国运动受挫之际，古都金陵（南京）有个在京城官府里当幕僚的年轻人，他家里拥有房屋二十余间，田地百十来亩，还雇有十来个佣工。一对年轻的小夫妻平日生活在南北两地。在难得相聚的日子里该有多么的恩爱，这就甭再细说。

时光匆匆，他们的爱子已三岁了，长得活泼聪慧，平日里就由娇妻带着在老家生活，小日子过得是充裕富足。可是让人压根没想到的是在

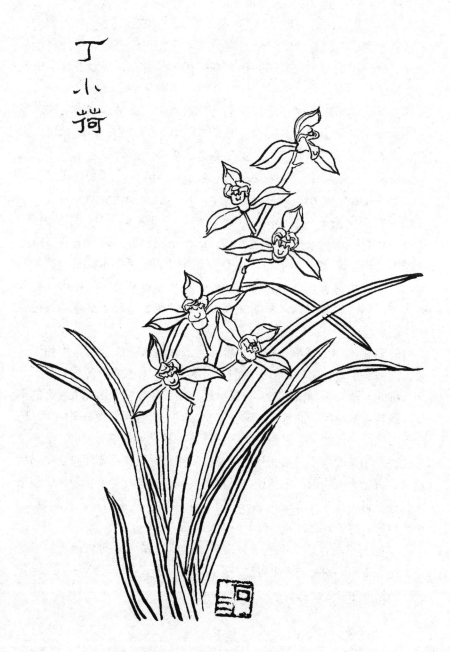

一个秋天的时日里，丈夫突然被遣送回到金陵老家。没过多少天，他因心中抑郁不吐，两腿一伸丢下了年仅二十三四岁的少妻和四岁不到的幼子，竟永别了人间。悲恸万分的妻子料理完丈夫的丧事，便独自孀居在家，大门不出。她把唯一的希望寄托在孩子身上，盼望着孩子能快快成长。

三年光阴转瞬间过去了，孩子已长到六岁。该是读书识字的时候了，这女主人虽出身大家闺秀，熟读《四书》《五经》，本来她可以由自己来教导孩子读书识字的，但是她考虑到孩子若跟娘过于亲近，极易顽皮淘气，学习中会变得疲沓而不求上进。俗话说："砻糠搓绳起头难"为了给孩子从小有个良好的规矩，培养成勤奋苦读的好习惯，她与孩子的舅父商量，并由舅父出面聘请了一位知识广博、性情温和、还会一手好书画的家庭教师尤云林。这孩子聪颖好学，数个月后就能流畅地背出全本《三字经》，不久便开始了《百家姓》和《神童诗》的学习。尤先生每天除了给孩子讲课外，自己则抽空练字、画画、看一些古文诗赋等书籍，以求不断提高。慢慢地也就适应了这单调、枯燥的生活环境。

时光在不知不觉中过去了一年，尤云林每天吃的饭菜全由佣人送来，衣被脏了也都由佣人拿去浣洗。若问女主人住在哪间屋里？是个什么模样儿？他竟然一概不知。一天早晨，尤云林吃完了由佣人送来的早餐，歇息片刻之后，准备着给孩子上课，但一直等到佣人送来中饭，仍没见孩子来上课。他心里思忖着：往日孩子都是很早来到书房，从未缺过课，莫不是发生了什么意外之事？此后接连数天，仍不见孩子来书房读书。自然为师的内心不免焦急，很想去找孩子的母亲询问原因，但慑于封建礼教，他一个年轻的教书先生，如去女主人的内室，有失体面。于是只好心里干着急，他坐等了一天又一天。

第四天早晨，孩子突然来到书房，他禀告先生："母亲因受风寒患病，至今未愈，叫我向先生告假，需再陪她几天。"随即递上一张母亲替孩子请假的条子，上写：

尤云林睁眼一看，忽见女主人手捧植有七八桩蕙兰的白泥花盆作为礼物，带孩子来探望先生。

尤先生大人尊鉴：

　　小女子身体有恙，连日卧床不起，茶水饮食难进。更感身边寂寞，亟需孩儿作伴。故特去条代犬子告假数日，祷求先生准允。

家长：丁小荷拜上即日

　　尤云林看了纸条，他想不到一位家庭妇女竟能写出如此娟秀、端正的字迹和酣畅简练的文句，不禁暗暗产生起几分倾慕之心，立即握笔写了二纸，表达自己对女主人的慰问和赞美之意，套上信封后叮嘱孩子要亲手交给其母。孩子作鸿雁在母亲与先生之间以这样的文字形式你来我往了一个多月，两位从未见过面的男女之间却慢慢在彼此的心坎里撞击出了感情的火花。

　　事有凑巧，正当尤云林为女主人患病难愈而心里犯愁的时候，他自己竟也病倒了，数天高烧不退，病势十分沉重。一天上午，尤云林正迷迷糊糊闭着双眼躺在床上，突然脑门上感到一阵清凉，慢慢睁开眼来，见五指尖尖如笋芽般的一只嫩手抚在他的前额上，睁眼一看，见一位貌若天仙般的女子站在自己床边，那略感消瘦的脸颊上印着两个深深的酒涡。这女子自我介绍说："小女子就是孩子的母亲，因身体一直有恙，没能与先生见面，十分感到歉意。这次听佣人说先生患病不轻，所以特携孩子一块来探望先生。"接着她又吩咐佣人遣医熬药，多加照顾。说完，便随即告辞而去。

　　却说尤云林服了汤药之后，高热退去，饮食渐次增加，体力也逐渐恢复，不过数天他打算重给孩子开课。一天，忽见女主人手捧一个植有七八桩蕙草的白泥兰盆作为礼物，带着孩子又来探望先生。当时正值谷雨时节，气温一天天明显升高，盆中那修长硬挺、斜立有神的绿叶中高高冲出一支细长而挺拔的花莛，上面开着几朵绿中透黄、秀巧娇美的花朵，正放着沁人心脾的幽香，下面的几朵也正含苞待放。尤云林望着这青翠硕茂的绿叶和这千娇百媚的花容，心中自然会一次次想起赠花人那纤纤倩影，只觉得一股暖流遍及全身，精神为之一振，没过几天时间病就痊愈了。

　　随着这蕙花从上往下次第开放，两个异性人的感情也一步步由表及内地深入发展。尤云林画了数张兰蕙图，又写了几帧条幅，趁着送孩子放学回家时，带上自己的字画，跟孩子来到女主人住处，恭敬地把这些书画回赠给丁小荷。两人相见，互相倾诉衷肠，小荷述说自己丈夫原在京城的官府里当幕僚，因上司牵涉到私通"长毛"一案，他也莫明其妙地受到牵连，被遣送到老家金陵后精神颓丧、抑郁成病，终于丢下妻小撒手而去。

女主人的一席话，正勾起了尤云林心头的隐痛。原来他的父亲本也在京城当官，因遭私通"长毛"头子之诬陷而下狱，为逃避株连九族的厄运，他偷偷投奔来浙江吴兴亲戚家，隐居他乡以求一命。因与小荷的兄长是挚友，才由他介绍来金陵充当家庭教师。话说到这里，两个人相对无语，共同的遭遇更使这对青年男女在感情上不断升华。

此后，双方书信往来愈显频繁，有时也有相会的时候，随着时光的流转，难免被别人觉察出来，佣人之间已有了窃窃私语。丁小荷敏感到这些情况，提笔写就一柬，叫孩子交给先生。尤云林拆开一看，内写："竹本无心，外面多生枝节。"其本意是要尤云林当心那些流言蜚语，以免生出是非来。而尤云林阅后略作沉思，竟在原柬下续写两句："藕通七窍，内中自有丝连。"其内涵当为思恋。待墨迹干后，便折起原柬仍让孩子带去交给他的母亲。

次日早晨，孩子奉母亲嘱咐，请先生去母亲住处面谈。这倒使尤云林有些紧张起来，心里责怪着自己过分放肆，他猜不透此去是凶？是吉？是悲？是喜？怀着一颗忐忑不安的心来见女主人。没料到见了面小荷深情地说："先生情真意切，令人十分感怀，但为了不让世俗之心玷污先生清誉，恳请先生能赴日本深造，切莫贪图眼前的安逸而贻误了前程。"说完她捧出五百块银元，用布扎成两包，再吊成一束后继续说："这钱赠先生作盘缠和生活之用，盼着学完归国，再来面叙。"丁小荷万般中肯的言辞，深深地打动了尤云林的心，他背起银元捧起兰花，与小荷在金陵洒泪惜别。

却说尤云林横渡东瀛，奋发学习，博览群书，和一些志同道合的同窗一起寻求救国救民的道理，并把所带的那盆蕙草放在自己居室临窗的地方，日夜与这草相依为伴，每天早晨起床时，他都要深情地望着那蕙草修长而神俏的株形，脑际里常会浮现起丁小荷纤巧秀美的身影。尤当春天蕙花开放的日子里，他更会魂牵梦萦地思念着故人，思念着与小荷洒泪惜别的金陵。

在日本的那些同学中，也多有兰花爱好者，那幽香远溢的蕙花，总是吸引着他们像蜂蝶般纷至沓来，欣赏这花容端正、仪态万方的蕙花，这位尤姓中国同学也很快在校园里变得名声大振。一天晚上，尤云林由图书馆回到宿舍，突然发现这蕙草被人窃去了一半，留下的那一半仍种在盆中。他心疼之余暗自细想：此贼真怪，怎不全部偷走，而偏留下一半？噢，他想起来了，前几天有位好友司马三郎曾向自己数次开口欲求此花，大约是因遭拒绝而所为。果真不出三天，这个司马来到尤云林的住处，笑着用中国话对他说："这个的是我的干活，你请告诉我：它叫什么的名字？"尤云林随口回答："它叫丁小荷"。司马又说："你的不要痛心，我算你大大的金票。"尤云林回答："我不要钱，只望你认真种好。"从此，'丁小荷'也在日本生根开花，并被日本兰界列为蕙兰极品，广为流传。

人们常用"日月如梭"来比喻时间消逝之快，转眼间尤云林在日本已学满五载，他带着'丁小荷'回国来。轮船上，他望着漫无天际的大海，心潮澎湃、思绪万千，心里多想早日见到心上人的倩影，共诉离别的衷肠！但当他真的回到了金陵，敲响小荷家大门时，却迟迟没见女主人出来开门迎接，正在纳闷之时，忽见自己的学生开门出来向先生恭敬地行个大礼，接着又把先生请进家门。孩子用哽咽的语调告诉先生："半年前家母已离开人世。临终时，她嘱咐我：'若以后先生回来，就请他住在我们家。'"尤云林听了孩子的诉说，脑袋瓜真像是五雷轰顶，他抬起头凝望挂在墙上的小荷遗像，潸然泪下。当日，他便按小荷遗愿住了下来，继续关心和辅导孩子的学业，同时格外精心地把'丁小荷'培养好。

但由于生活中没有了小荷这个可寄托心言的人，尤云林长期郁郁寡欢，内伤日重。第二年春夏之交，正当'丁小荷'抽蕊开花的时候，竟一病不起，多方求医无效，不久就与世长辞了。这盆'丁小荷'也因无人养护而气息奄奄。后来虽有人携去抢救，保住了品种，才使它在历史长河里不被湮没，但始终难以得到繁殖发展。到了民国时期，这个品种在国内已属凤毛麟角了。所以至今还有人说现在国内见到的'丁小荷'，大多是从日本返销过来的呢。

（本文素材由陈德初等提供）

二十八

两兰痴争蕙同破产
康熙帝阅案赐兰名

——蕙兰传统珍品'蜂巧'的故事

　　蕙兰'蜂巧'属赤壳绿花飘门梅瓣，它被兰界誉为蕙中珍品。在历史上更有过极大的声望，为它取"蜂巧"这个名字的人竟是当时的皇帝康熙。一个至高无上的皇帝，怎会给些许小草取名字的？这还得从一段往事说起。

　　相传在清朝康熙中期（1691—1701）当时江浙一带的富商豪绅栽兰之风十分兴盛。在品种方面，他们追求"新""奇"，存在着一种以"鳌头独占"为荣的心态。

　　每当春天时节，绍兴、余姚、奉化等地的兰客都要到大山里向当地兰农收购"落山兰"，通常以一万个花苞和所带的兰草装入麻袋为一件。待装到十几麻袋或几十麻袋后，即启船运去上海、南京、无锡、苏州等地，并以二三两银子一件的价格出售。这价格对富商缙绅而言，当然是微不足道，但倘或他们从中能拣出个佳种、珍种来，那价值之高就难以估量了。从当时流传着的那句："九节梅瓣，洋钿上万"的谚语中足见当时蕙兰梅瓣型品种的身价有多么之高！

　　对于兰花品种的鉴别，看草、看蕊的形态特征只能说是一半，倘要弄灵清品种的优劣，那非得要看花不可。为了让有蕊的兰草能提早开花，必须要经过一番特殊的加工处理即"催花"。先要准备好一只或几只牛腿缸，

蜂
巧

然后取出麻袋中兰草，一捧捧清理整齐，然后把兰根在清水里浸泡一会后取出，让兰根靠着缸壁，叶丛朝着缸心，齐展展有序地排满一圈（兰根浸水时不能弄湿叶子，以防催花过程中叶色发黄）。排完了一层，再排第二层，第三层……待叠到一定高度，即盖上稻草扎成的缸盖。过上六七天后，取出兰草，便可见兰蕊已经抽长放花。这样就能根据花色花形细心从容地进行挑选了。

话说当时上海郊区的青浦县有个叫朱家角的地方，那里有位开布店的老板叫方仁宝，家里经济十分富足，方老板爱兰如命。每年春天，只要卖兰船一到青浦，他准要买上几麻袋回家，从中细心地选花，可是他所碰到的却始终只是些行花，能有个二三流的花品已算是不错了。

孟春时节，朱家角年年有庙会，人流熙熙攘攘甚是热闹，但这位布店方老板竟放着好生意不去做，却接连几天都在家选兰花。累了，便出去走走，舒展一下筋骨。当他漫步到土地庙门口时，见一位看相先生向他招招手，一把拉住为他看相，告诉他"印堂"（脑门）有红光透出，今年必有好运。方老板听了好话，付了些碎银，转身便走。"回来，回来！"他刚跨出门槛几步却又被看相先生叫住说："老板您今年虽有收获，但对人处事宜宽则宽，可忍则忍。因您的眉宇间有一小黑痣，故易遭人暗算失财，总以小心谨慎为好。"

时近中午，方老板离开了土地庙，走过了大石桥进得家来，他重又坐在一条小凳上，专心致志地继续选起花来，家人催他吃午饭，他却说："不饿，你们先吃好了。"时钟敲过了十二响，家人再次催他吃饭。他却说："挑完了这堆再吃不迟。"真是应了"苍天不负有心人"这句话，不一会他终于拣出了一丛长叶子蕙草，轻轻用手拨开细挺的叶子，叶丛间便暴露出一枝苞叶嫩绿，秆子细长的花莛，下部有几朵花已经绽放，他瞪大眼睛逐一细细审视，这花瓣文飘、起兜、细收根、方缺舌。"好花，好花！"方老板如获至宝，欣喜更甚，马上撒下别的兰草，细心地修剪去这草中的残根败叶，再挑个精致的宜兴紫砂盆，小心翼翼地栽植妥帖。因这花本已催开几天，着土一种，便觉格外生气蓬勃，神采飞扬。

朱家角这个地方并不大，谁得了好兰花这种消息可以说不会过夜，一时上门观花者进出不断。其中有位在苏州洞庭山镇上开当铺的老板金益民，他也是个有名的大富户，一向嗜兰如命。家中虽早有不少佳种、珍种，但他今天所见这蕙兰是花形硕大，浅绿中带微黄的巧角梅形外三瓣，虽是浅兜猫耳捧，可配在整朵花上看，反而透出一种活泼且带有动感的气质，是别的翘角花所不及的。心里不禁惊愕几分，暗自赞美："世上竟有如此好花！"他肚子里估摸着自己所植的花与之相比，实有一种望尘莫及的难受。

他终于按捺不住欲得此花的渴望心情，开口要求布店方老板能出让或合伙出资栽培此花，但却被一口回绝。后来又托关系与之密切的亲友出面说情，表示愿出巨资求购一半，结果还是碰壁。为此，这当铺金益民老板几天之后竟卧床不起，辗转反侧数夜，最后终于心生一计，你不让当君子，我只得做小人了。他一不做二不休，出高价雇来了当时黑道上有名的"梁上君子"王一飞，穿逾去办此事。两天之后，终于事成得手，当铺金姓老板当然眉飞色舞，赶忙剪去花干，把这蕙草混种到自己的蕙草盆里。

俗话说："没有不透风的墙"布店方老板家兰花被盗的消息，很快轰动了整个朱家角和青浦县，衙门派出"捕快"（今称刑侦队）查找线索，察访中得知洞庭山当铺的金老板曾千方百计欲得此花，嫌疑最大，但经暗中勘察金家所植的兰花，均未发现物证，衙门苦于没有证据，只能暂成悬案。布店方仁宝老板痛失心爱之物，内心是既难忍又气愤，却又是无可奈何，终于病倒在床，数月不愈。

俗话说："纸总是包不住火。"一年之后，春风乍暖，清明又临，当铺金老板的春兰谢了，蕙花正芳，虽然他不让人去观赏，但总免不了有几个特别要好的亲朋兰友能前去观赏的，他们看到其中一盆所开的花形有截然不同的两种形状，连草形也是各不相同。盆中有一莲花，是梅型翘角，简直与去年在方家所见一模一样，这消息当天即传到方老板耳里，他暗自发誓，即便倾家荡产，也要让这伪君子原形毕露。便一张状纸连同大量金银送到青浦县衙，要求查办窃贼，惩治纳赃后台。而这边当铺金老板，也知悉东窗事发，预感到官司波澜难平，他一方面给王一飞再付一笔重金，要他连夜速离青浦远走他乡（据说后来他金盆洗手，削发在姑苏寒山寺当了和尚）。另一方面又以让人听了为之咋舌的巨额金银多次向县衙、府衙贿赂，企图阻挠案子的深入。眼看是个简单不过的案子。它却被一再延宕，原因当然是方、金各方都有人为其说话帮忙。可是"一纸入公门，九牛拔不出！"面对官司，方、金双方欲罢不能，他们各自只得把金银再丢入"无底洞"里，结果一个是关了布店，一个是闭了当铺，双方深感自己在经济能力上几乎已到了灯尽油干的时候。而讼状却由县衙转至府衙一直转到了京城，却始终没有作出定论。

一次偶然的机会，康熙皇帝在阅案时发现了这个"兰花案"，他感到惊讶，小草一盆，何以如此难断？他随即命下人速去青浦县，限五天之内将此兰送到京城。

五天之后，这九节兰准时送到，花叶完好。当天，康熙邀了一批懂兰的官臣到廷，陪同他一起观赏。皇帝看着看着，用手揉揉眼睛觉得神了，这花的左右两瓣侧萼和里边两个翘起的浅色花瓣，犹如嗡嗡飞舞的蜜蜂翅膀在煽动，不禁看得龙颜大悦。也正在这当儿，真的有一只蜜蜂被兰香所吸引从廷外飞来，它围着兰花转悠几圈后，就停在其中一朵花上。康熙帝见了这情景，便顺口说出："此蜂来得正巧，朕看此蜂像花，又觉此花像蜂。"随从们赶快附和："蜂来得巧、蜂来得巧！"从此这蕙兰便定名为"蜂巧"了。随后因它的花品是赤转绿壳，所以有人称其为"赤蜂巧"，到了民国初年，有人发现有花形类似的绿干绿花的新品'绿蜂巧'，于是又给它添了个"老"字，称它为"老蜂巧"，其意是与后来的同类花相区别。

回头再来说康熙帝赏完花后，仍念念不忘这个"兰花案"，考虑着此案该如何了结？他苦苦思考一阵后告诉手下人："朕也分不清案中二人谁是谁非，只好来个折中了。"随即命令将此花送回青浦县后一分为二，交由方、金两家去种植。讼事到此也只得平息。

昔日那财大气粗的两位老板，现在却是双眉紧锁，犹如两只斗败的公鸡。他们呆呆地望着扯开后所分得的兰草，欲哭无泪。为了打这场官司，双方的家财都几乎折腾殆尽，个中的酸楚，恐怕只有他们自己才能真正地品味出来。

（本文素材由陈德初，金振创提供）

康熙帝正在阅案审查时，忽见一只蜜蜂被兰香吸引从廷外飞来，便顺口说出："此蜂来得正巧，又觉此花像蜂。"随从附和："蜂巧，蜂巧！"

二十九

老樵夫信手采素梅
张圣林刻意寻瑰宝

——蕙兰失传名品'圣林梅素'的故事

秀丽的富春江像一条蓝色的绸带子，蜿蜒绕过一座座高低不一的丛山，滔滔地向东流去汇入之江（今称钱塘江）。大自然以它无比的魅力，创造出这些山头上雾气蒸腾、山腰间白云缭绕，一年四季温湿得宜的环境，给兰蕙们生长、繁育提供特别优厚的自然条件，此故事的发生地就在这富春江畔的富阳。

相传在清朝咸丰五年（1855），浙江北部的富阳，有个名气颇大的兰客张圣林，他出生于兰农世家，自小就与兰花结上了不解之缘。十几岁时他的父亲就离开了人世，从此他常跟村里的兰农一起荷锄背篓，去大山里采觅兰花。经过父辈们的不断传教和自己几十年来的采兰生涯，他已具备了相当丰富的艺兰经验，能根据叶姿、叶形、苞形和壳色等特征大致地辨别出兰蕙品种的优劣。可是岁月无情，人生亦老，转眼之间张圣林已是个五十多岁的老叟了。他常常独自思忖：这么多年来，自己虽有一肚子的艺兰经验，曾经也获得过一些品种较好的兰蕙，但始终没能遇上过真正稀有而理想的上品、异品。每次上山，他一个人坐在溪边休息，吃着腰间饭蒲包里所带的干菜、冷饭，听着涓涓的流水声，心里总是感到格外惆怅。他站起身抬头望望远山，一直巴望着有突然能使自

聖林梅素

已兴奋不已的一天。

冬去春来，天气又渐趋暖和起来。清明节刚过不久，燕子呢喃地唱着，不时从空中飞快地穿梭而过，它们好似在告诉采兰人："采蕙兰的黄金时节到了，采蕙兰的黄金时节到了！"早上，张圣林照例腰里挂上个饭蒲包，背上简单的采兰工具，子身一人又上山去做他的"寻花梦"。太阳从远山间露出了圆圆的红脸，晨风送来一阵阵蕙兰的芳香，山间的空气使人感到格外的清新宜人，张圣林的情绪顿时又兴奋起来，他看到山间的春兰虽已谢了花，但蕙兰却正在抽莛放花。凭着经验，他随香跟踪细心寻觅，分辨着那一丛丛放花的蕙兰花形、瓣形的特征，生怕那好花会从自己的眼皮子底下被突然漏掉。在不知不觉中他直起腰来，看到太阳已挂在西边的山腰间，一天又这么快就过去了，自己却仍是一无所获，他只好带着几分失望的心绪一步挨一步地挪下山来。

半路上，张圣林突然听到"嘎吱、嘎吱"的挑担声从自己身后传来，回头一看：原来是一个肩挑柴捆的老樵夫，老人银白的长发盘在脑勺上，嘴上、颔下挂着银须，一支足有两尺长的九节兰插在前边柴捆上，正汗涔涔地在山道上与张圣林迎面擦肩而过。刹那间，蕙花特有的芳香唤起了兰客对香独有的敏感性，促使张圣林回过身去几步赶上老樵夫，再次细看那柴担上插着的九节兰：哎哟！他差点叫出声来。自己压根儿没有想到这偶然间相遇的竟是一支瓣圆而收根、蚕蛾捧、刘海舌，全花九朵无一处有杂色的素心蕙花梅瓣啊，这真是"勿见勿接头，一见勿肯走。"他心里漾起了一阵阵激动的浪花：啊，这可是踏破了铁鞋都无处觅到的呀。想自己一生中为之追求的心仪之物，竟会在这山窝窝中偶然地遇上！张圣林喜不自禁，赶忙大步流星追上老樵夫，恭敬地作揖行个大礼，接着就询问起来："老哥，侬格九节兰是从啥地方采来？""山高头多得很呐。"老樵夫一面回答一面仍双足不停地往山下走。张圣林赶紧再咚咚地几步追上，他哪还肯让这机会错过！便赶忙说："老哥，这样吧，您且歇歇担子听我把意思说明白。"他赶紧帮老樵夫卸下担子，紧接着说："我愿出一块银元，在明天请您带我上山去寻找这株九节兰。"他指着柴担上插着的蕙花，语言恳切得让人感动。老樵夫听了心里一想：这

哎唷,他差点叫出声来,柴担上插着的竟是一支瓣圆而无一杂色的九节素心梅瓣花……
想自己一生中为之追求的心仪之物,竟会在这山窝窝中偶遇。

有何难？这种花在山上处处皆有。一块银元却能抵得上我十来担柴哩。想到这里，他便一口答应说："好的，好的！"两个人互相约定时间和地点后便分了手，踏上各自回家的路。

第二天，两人都提前到了相约之处。随即就一鼓作气在山上寻找起这素心九节梅瓣来，他们接连翻了几个山头，又折回几个山隈，连午餐都无暇顾吃，一直找到夕阳西落，但这九节兰却似乎有意与人捉迷藏似的竟藏影匿迹，不露声色。不多久，夜雾便拉开了它朦胧的帷幕，山风送来一股股寒气，夜色催促着他俩无可奈何的快快离去。回家路上，两人再次相约：明日再继续上山寻找，发誓若不找到这九节素梅决不罢休，张圣林向老樵夫保证："每天准付给一块银元作为报酬。"

此后，他们天天都是朝上山、暮归家⋯⋯这样日复一日，细细算来已整整地过去了半个多月，张圣林花去银元已近二十块，而这蕙兰梅素却仍芳影未露。眼看立夏都快要到了，山上的蕙花也已谢尽。张圣林和老樵夫的"寻花路"竟是南柯一梦终成泡影。这时的老樵夫也只好抓抓头皮，望山兴叹，他压根儿没有想到自己身边原是信手可以采摘到的九节兰，要想重找竟会有如此之难！心里感到怪不好受，他寻思着：别人给了自己那么多钱，结果却没能让人家得到那所说的蕙花，人家会不会认为是自己在耍滑头？是有意在作敷衍？想到这里，老樵夫内心感到深深不安，连带来的中饭都吃不下去了，他打算向张圣林退钱还款。而张圣林所想是，自己虽然与老汉费了九牛二虎之力，结果未能实现目标，当然心里不免惆怅几分，但他对老樵夫，不仅没有一句怨言，反而在这段与老人共同觅兰的交往中加深了彼此间的了解，他一次次地宽慰老樵夫，两人竟成了莫逆之交。他们又一次相约：待到来年清明节后，要再度上山，寻觅这九节梅素。

时光老人步履蹒跚，总是慢腾腾地伸开两腿，一天天往前缓慢地挪动着脚步，让张圣林心里盼得实在焦急。好不容易到了春分，又盼来了清明，"咯咯咯咯"山溪里传来一阵阵石蛙热闹的鸣叫声，它们好似在告诉采兰人，山上的蕙兰放花了。随即张圣林和老樵夫又上山去寻觅那心中之宝物梅瓣素心蕙兰，眼下接连又过去了五天，两个人每天却都仍然是空手而归。

这是第六天的中午，山上十分闷热，两人都脱去了外衣，他们全身心地投入在山间，寻找着心中之物。"蛇、蛇！……"张圣林突然大声惊叫起来。只见一条如臂膀般粗，有一丈多长的大花蛇直挺挺地躺在草丛中晒太阳，这蛇一听到人的喊叫声便立刻将身躯蜷曲起来，睁开两只闪着凶光的血眼，高高昂起变扁了的脖颈，不时吐着它的长舌头。说时迟那时快，两人赶忙撒腿绕到蛇的侧面，挥锄欲打，这蛇一看形势不妙，赶紧扭摆着身躯疾速向前逃遁，两位老人在后面穷追不舍。当他们追到一块长着几棵大松树的山石转弯处，大蛇竟躲过他们两双眼睛，一溜烟就不见了。

张圣林还没缓过神来，却在松树下一眼瞧见不远处有一支长过叶梢的白瓣子蕙兰，竖着高高的花莛，正昂首放花九朵。老樵夫惊喜地叫道："去年我就是在这里采的花！"张圣林按捺住激动和兴奋，一朵一朵地细看起花来，这花瓣半透明、碧绿似玉、圆头起兜、肩平捧齐，全花无一丝杂色，可谓是独领风骚。立刻就小心翼翼挥锄挖土，唯恐弄断了又粗又长的肉质根。他无比欣喜地把这稀世珍宝放进竹筐里，向老樵夫说了许多道谢的话，两人分手之后，一路上脸带笑容，步履轻盈。回到家中，把这兰花秘密地养护在家，连妻子儿女都不让知道。

数年之后，新花复出，张圣林雇只小木船沿富春江顺流而下，途经运河，携花来到嘉兴的艺兰大家许萧和家里，这蕙兰梅素质厚而深绿，莛高足有两尺来长，直立中略带环垂的叶姿都显现出它不凡的气度；每花短圆而厚实的外三瓣如玉石般透亮而呈浅绿，两片起兜而齐整的捧中，半藏半露短圆而端部尖出的如意舌，一莛九花，朵朵平肩，真是风韵独绝，如仙凡化。许萧和确认此花的花色、花品等完美到可说是绝无仅有，大为喜悦。便提出付给张圣林银元二百块购买此花。计划在"鸳湖楼"（许萧和之家）养植，并向张圣林提出不得泄漏有关此花的消息，待养多后可对半分苗让张圣林栽植，为此，他们还签订了一张合约书。

合 约 书

兹由富阳张叟圣林，携素蕙来嘉兴鸳湖楼，经双方磋商，以银元贰佰圆之价出让给鸳湖楼许翁鼐和莳养（今由许翁取名"圣林梅素"）。合约即日生效，钱物两讫无误。双方商定，有关此花消息，谨守秘密。待复花后，各分一半，口说无凭，特立此合约一式两份，双方各执存照。

立合约书人：张圣林 许鼐和

大清咸丰七年孟春吉立

艺兰家许鼐和（霁楼）于咸丰七年（1857）以重金购得此花后，当即亲自握笔描绘下'圣林素梅'的花形后便随即剪去了所开的花莛，意欲不让植株过多地耗去养分，以求兰草起发。此后便一直亲自养护着这罕见的蕙中无上珍杰之品。三年之后盆中大草已发到七八筒之多，满盆是一派欣欣向荣的景象。可是此花的确是红颜薄命，谁都没有意料到咸丰庚申（1860）年初秋，太平天国起义军与清军激战，战火吞噬了整个嘉兴城，鸳湖楼许家的许多名兰连同这稀世珍宝'圣林素梅'一起被毁于一旦。战后，张圣林得此噩耗，亲自赶去嘉兴，果见鸳湖楼兰苑焦土一片，他望着碎瓦断壁，想到那如仙般的'圣林素梅'真是痛心疾首，精神受到极度刺激，回到富阳后疯疯癫癫了一年多，而如此珍贵的兰中瑰宝也从此被泯灭世间。

直到今天，人们新发现的蕙兰品种虽然不少，有很多梅形花的，但均非素心；有不少是素心花的，却都非梅形。人们要想再次得到像'圣林素梅'那样既素又梅、两者合一的品种，怕是难如登天了啊！

（本故事素材由陈德初等人提供）

三十

|||||||||||||

慧少年残蕙换纸鹞
蒋东孚无意纳异品

——蕙兰失传名品'胥梅'的故事

"上有哟天堂，下有哟苏杭……"一首荡气回肠的姑苏民歌，赞誉了江南水乡苏州和杭州的美。

这是春天的姑苏城里，红桃、绿柳掩映着错落别致的楼宇亭台；琵琶、三弦应和着韵调优美的弹词篇章。耸天的古塔，清澈的池水，通幽的曲径、沉稳的石舫，还有那小木船摇橹的吱呀声和着那悠扬的晚钟声正从石桥的圆洞中穿过。这许许多多的景和物互为衬托，相映成趣，勾画出一幅恬静而绮丽的江南水乡姑苏风光。自古以来，曾有多少文人雅士来这人间天堂云集，他们赋诗对歌，斗耍蟋蟀，品赏兰花……在这人间天堂里尽兴地玩乐。

相传在民国初年时，苏州北方邻城无锡有位叫蒋东孚的生意人，他在城内江兴那里开了个场面颇大的瑞昌窑货店，专门经营缸、坛、盘、碗之类的陶瓷器皿。几年里生意一直很顺畅，竟发了大财。此后便请了风水先生，在西关堰桥（汤巷）那里选买土地，破土动工，造起了偌大的一幢名叫"香草居"的洋楼和一个相当大规模的私人花园，还专门雇了个女花工在园里养花。

蒋东孚极喜花卉，尤甚喜兰蕙，他叫人在花园荷池畔砌起了用条石

搭成的花台，又在花台上搭起二人高的棚架，以铺盖芦苇帘子来给兰花遮阳。虽说当时他所莳的兰花仅四十来盆，但每盆都是花巨资所购得的异种、珍种。他自然是格外珍惜它们，不论是浇水除虫，或是盖帘收帘，都亲自动手。他的妻子看到丈夫这般痴迷兰花的样子大为不解。一天，趁有位花友来家赏花之机，她便打趣地说："他呀，对自己亲生的儿女都没有这么喜欢过，天下真有这种稀奇古怪的事，几根弯弯草竟会如此使人上心、着迷！"朋友凑近他的耳朵轻轻相问一句："尊夫人当着朋友的面这么说，先生可会生气？"蒋东孚伸出食指在自己的耳边作个轻轻旋转的动作回答："男人嘛，对内人之言只可倾听，却不可过于认真，我的耳孔圆形，她的话语方形，就难钻进去了，这就叫我行我素吧！"花园里随即响起两个人的朗朗笑声。

那是民国二十一年（1932）的仲春时节，蒋东孚带着眷属自无锡来苏州春游，他们来到姑苏的第一件事，照例是上寒山寺烧香，想当初他曾是个小本经营人，每年所得甚微，自从有一年上寒山寺烧了香，便时来运转赚大钱了。不管人家信不信，反正他自己认为是观世音菩萨在保佑他，恩典他。

事情的缘由得回溯到二十多年前，那是个春风吹得游人醉的时节里，他独自来到寒山寺，当时只是拱手拜拜菩萨而已，忽然遇到一位叫"萨本空"的住持僧劝他在观世音菩萨那里求个签，占卜一下自己未来的凶吉如何。起初他并不迫切，也无渴求，只是几分随意，但一求却得了张上吉签，签上曰："锦上添花色愈艳，时来运转喜双全；世人莫怨步履艰，一举成名四海传。"却在这些好句下面绘有一口乌黑的棺材图。

蒋东孚皱眉细看棺材，心里颇感不悦，忽儿一个须眉银白、身披红色袈裟的和尚从他身边经过，这和尚见香客对着小红纸上的字看得那么入神，自己便凑上去看看，和尚用手指点了点签中的棺材图，便笑容可掬地对蒋东孚说："施主此张签极佳，必有官运和财运到来。"蒋东孚听了立即恍然大悟，眉开眼笑。不久他那瑞昌窑货店果真是生意兴隆通了四海，自己还当上了商会会长。他的仕途与财路犹如爬泰山一般越登越高，明明白白的交上了"官财运"，成了梁溪（无锡别称）的名门望族。

忽然一阵东风吹过，有只老鹰风筝不慎断线，不断向下坠落，地面上六七个孩子追着喊着："吃鹞肉啊，吃鹞肉啊……"

从此他对观世音菩萨越加虔诚，每去苏州必要去拜谒长老，跪倒在观世音菩萨塑像前的竹笠蒲团上又是烧香又是叩头。

今天，蒋东孚拜完了菩萨、离开了寒山寺，坐轿朝城里前进，他用手挑开布帘探头四望：春光下麦苗青葱，油菜吐金，劳燕穿梭忙，蛙声如打鼓，这春色春意更使他心海里荡漾起喜悦的浪花。进得城里，他看见一群孩童正在放风筝，蓝天上纸鹞翱翔，五彩缤纷，如蝴蝶起舞，如燕子展翅，似老鹰"挨磨"，真让人看得眼花缭乱。

忽然一阵东风吹过，有只老鹰风筝不慎断线，它随风朝西南方向连续打几个滚后就不断向下坠落。地面上六七个孩子追着喊着："吃鹞肉哦！吃鹞肉哦……"按照当地人习俗，断了线的风筝谁捡到了便是谁的。当然孩子们个个心里都是痒痒的，谁都渴望自己能得到这"飞来的天鹅肉。"一会儿，这飘飘悠悠的风筝在六七双眼睛的注视下掉落在苏州观前街南，被搁在当地人称作"花街"的巷子口一家民宅屋顶上。那"老鹰"的尾巴被微风吹拂得一翘一翘，好似在对那些孩子说："谁敢上屋来把我取走？"

转瞬间，蒋东孚的轿子来到了花街口，因巷子狭窄，轿子不能进入。他吩咐停轿，准备步行入巷去找兰花摊拣买落山兰，忽然一阵轻风把屋瓦上躺着的纸鹞重又吹起，它不偏不倚掉落在轿子的顶上，被一位抬轿的师傅不费力气伸手捡得。孩子们立刻围住他跳着叫着，恳求抬轿人能把这风筝送给自己。一个身个儿较高、手上提着丛兰草的孩子说："我用兰花跟你调风筝。"还没等这抬轿人点头答应，高个孩子已从抬轿人背后向上一蹿，伸手夺得了纸鹞，他不管三七二十一，丢下兰草撒腿便跑得远远的，孩子们又赶忙一窝蜂似地追随那个得到风筝的孩子去了。

话说这轿夫拾起那孩子丢下的兰草，细看叶子零乱，又无花朵，摇摇头笑望着那群远去的孩子说："这草有啥用？烧火都嫌潮，啪的一声，便把它扔到巷边。"就在这刹那间发生的事却被主人蒋东孚看在眼里，使他想起了一个曾经听说的故事。

那是很早很早的时候，无锡鼋头渚早已是人们游玩的好地方了。在一个晴朗的春日，有几个阔少爷雇只小船畅游太湖，他们进入船舱，闻到一股汗酸臭味，一个个赶忙捂住自己的鼻子。经查，汗酸臭味来自船老大挂在篷内的那件破棉袄，于是几个人吵着要船老大扔掉这破棉袄。这船老大哪里舍得！他佯装扔掉的样子，几下裹紧了这棉袄赶紧偷偷地放进自己的座板底下。船到了湖心，不料下起毛毛雨来，嗖嗖凉风从湖面吹进船舱，几个薄衣轻装的阔少爷顿时身感凉意，他们像挨冻的小鸡在舱里依偎一起，其中一个突然想起了那件破棉衣，要求船老大一借披身。船老大说："你们不是嫌棉袄有汗酸臭气味？要我扔到湖里去吗？早就扔了。"阔少爷一听，莫不遗憾地叫起来"哎哟，你怎么真扔了呢？多可惜啊！"船老大看着他们打着哆嗦，不由心生慈悲，犹如变戏法那样，眨眼间从座板下取出这件破棉袄，扔给了他们。几位阔少爷你争我拉谁都想多盖一些，顿觉自己身上暖和几分。船老大嬉说："棉袄可有酸臭味啊？"阔少爷们异口同声回答："没有，没有。"

由这故事联系到眼前这被遗弃的兰草，使蒋东孚悟出这么一个道理，世上万物种种，需者都会视作宝贝。他想到自古传下的那些兰蕙名种，其价贵过黄金，曾使多少人花重金苦苦追求，然而人在山间得到这些兰蕙时，几乎都是在无意之中、偶然之间，有的甚至是在被遗弃后重再获得。他望着这丛零乱的兰草对自己说：我何不细细瞧它一瞧，说不定是宝草哩，想到这里，他捧起兰草认真地审视起来，这草质地厚硬，凹深油光、脉纹清晰，共有草十来桩之多，可惜都已伤残，缺手缺脚，稀稀拉拉，仅留少量叶子；根肉多被折成几折，仅靠中间那条根骨勉强连着，唯一的花蕊已被折断，仅留紫色外苞衣几片，但衣壳上仍可见紫黑色晕片和浓雾状沙点，还有稀疏的筋条，明晰突出；残存的环垂叶油亮硬糯，尖尾深沟，实与细种的赤壳蕙特征相符。此时，艺兰者在无意中得名兰的一些往事又一次涌上了他的心头，他觉得此草不该抛弃，实在是卖兰人的疏忽或者是无知所致。他手捧伤残蕙草，心里充满着一种悯怜和感慨，就像是捡了个被遗弃的婴孩一样。他对家人说："这是天赐之物！带回去种着碰碰运气吧！"说着，便亲手把这伤残草装进了带来的那只藤箱里，盖好盖并吩咐家人小心保管好。

蒋东孚来到花街的几个兰摊，犹如读书人进书店那般细细地浏览着那里的兰花，半天工夫下来却拣不出一块如巷口所捡的残蕙那样的壳色和叶质如此细腻、厚硬的品种，他只好空手离开兰摊。回到无锡"香草居"，首要的事是把这伤残蕙草认真细心地洗净种好，此后在光照、浇水等方面都进行特殊的关心照料。随着天气逐日转暖，花园里所植的'崔梅''端梅'和'涵碧梅'等蕙花都先后开放，这盆伤残蕙草虽不可能起花，然而也从泥中冒出了足有半寸来长的两个紫红色尖芽甚是可爱。

春华秋实，寒来暑往，时光年复一年，蒋东孚的伤残蕙草在他的心血浇灌和自然雨露的润泽下渐显壮实，苗数也不断增多。三年之后（1935 年）的十一月初，正值无锡气候入冬之时，蒋东孚把置于露天的兰蕙一盆盆搬入房屋内防冻，蓦然间他看到那盆伤残蕙草叶丛中有一花莛挺起，妖娆得如鹤立鸡群。细看花苞包壳，紫色靓丽、筋脉清晰。啊！这偶得之花果然有望，心中不禁暗喜，从此他每进兰房总要深情地瞧它一会，观察它细微的变化过程。

爆竹声里，无锡人辞了旧岁，迎来了丙子新年（1936），过了元宵后，养兰人总是盼来春分又盼清明，待到谷雨时节，这盆伤残蕙草经过几年的休养生息，终于放出了异彩奇花，它短阔的外三瓣色靓肩平、硕大丰腴、紧边厚肉，分窠的蚕蛾捧心规正对称，大如意舌上茸样的红斑非常艳丽。由此他兀然想到眼前这蕙花风韵翩然的气质，多像当年寒山寺里那位萨本空老法师端庄安祥的神态啊！蒋东孚一面看着花，一面想着。

一天，几位兰友闻讯赶来蒋家花园欣赏新花，有的认为这新蕙与'端梅''崔梅'的花品相似。但细细分辨'崔梅'之捧系半硬分头合背，其舌形为龙吞舌，花色晦暗，相形之下花品实比此花要逊。'端梅'三瓣与之相比，略显瘦长，虽同样是分窠蚕蛾兜捧心，但不如此花圆整端庄。这时也有兰友认为此花极似'涵碧'可'涵碧'有时也开微合背的半硬捧，其舌形属龙吞舌。拿它们与之相比，'涵花'虽好，但还是美中稍感不足。

有位无锡兰界前辈，大名唤作吴肇锡的老叟，观赏此新蕙后连声称赞："集总蕙之花在此花面前，简直无与伦比"。无论从瓣、捧、舌和鼻看，或是从形、色、质看，它都显得格外完美，给人实有一种"万事胥备"的愉悦之感。信奉道教的肇锡老叟他听了主人叙述该花原是路边被遗弃，但一会儿却摇身一变而成宝贝的实情。他捋捋胡须，想起《庄子·至乐》里有"胡蝶胥也化而为虫"的话，其意不是在说蝴蝶一会儿变虫，一会儿虫变蝴蝶，身价变得快吗？眼前的新梅不正是这样？所以他认为给此蕙取"胥梅"之名意义极为贴切。

从此这曾经被遗弃路旁的伤残蕙草就以"胥"字为名，又因花开梅型瓣而称为胥梅。它的身价在众说中誉称要超过同类梅瓣几倍之多。蒋东孚的心久久不能平静，他享受着养兰人得宝时特有的一种喜悦，立刻请人为'胥梅'摄下倩影，又亲自握笔在照片上简述得到此花的经历，最后还签上自己的大名："丙子梁溪蒋东孚识"意寓"藉志不忘"。

（本文素材由冯如梅提供）

三十一

烧纸客得蕙竟暴富
阔少爷无知灭珍品

——蕙兰失传名品'烧纸梅'的故事

在浙江绍兴的城南，有座古老的石板桥叫"蕙兰桥"，它与附近山上的应天塔一高一低遥遥相望，构成了古城的一隅景观。它们阅尽了人间的沧桑，无声地向今人倾诉着往昔的风俗人情和几多趣闻轶事。

那是在清末、民国的初年（1911—1912）之时，绍兴真可说得上是个兰花的天堂，爱兰、养兰的人相当普遍，有远近闻名的大户、富户，也有不少的文人墨客和经营规模大小不一的生意人家。有专为养兰而建起花园的大户，也有在院子里、"天井"里（屋间的小块空地）种植十几盆或几十盆数量不等、品种不同的中户小户。他们在这块中国春兰的发祥地上承续着，描绘着一个雅俗共赏的兰花文化。

相传那是个春分时节，"蕙兰桥"旁坐着个四十余岁的男子。平日里，他以卖"烧纸"（迷信品）为业，被人称作"烧纸客"，长期以来他的生意清淡、收入低微，看他坐在摊边老是打着呵欠，半闭着眼睛，一副没精打采的样子。近些天来，他看见桥边有山里人在卖下山兰，众多的人围在那里，有细心挑选兰花的，有吆五喝六讨价还价的，甚是热闹。于是自感无聊的他也想凑个时髦，花了三个铜板拿了丛叶色鲜绿、花苞壮实的蕙兰。带回家里找个开裂的破钵头一种了事，他唯一的愿望就是

烧
纸
梅

能开花闻闻香味，并不冀望它会有多大出息。

俗话说得好："有心栽花花不活，无心插柳柳成荫"，不久这蕙兰在破钵中竟然服了盆，它的花苞不断壮实，一天比一天大，眼前正是小排铃在不断地拔高中。此后又过去一个多星期，那嫩绿修长的花干上展开了大排铃，紧接着便是绽蕾、舒瓣，自下而上渐次盛开了。看这花，三瓣硕大青绿圆头，分窠的蚕蛾捧心，正散放出一股股习习幽香。烧纸客也学个时髦把自己的这盆蕙兰花端出来放在自己叠放烧纸的摊板上。

东来西往的人们，从桥上匆匆而过，不懂兰的，自然是熟视无睹地走过。半懂不懂的，也只是稍作停留，间或说上几句外行话，也匆匆走他的路。这冷落的烧纸摊，还是那么的冷落。

一天下午，突然有位衣冠楚楚的中年汉子经过烧纸摊旁，他一见到这盆盛开的蕙花，便停步躬下身来不声不响地一个劲侧着头细看。瞧他这般模样，无疑让人感觉准是个识兰行家。他一面细细地打量着兰花，一面悄悄地思考着：这如此硕大而厚实的花朵，主副瓣短而圆润，其色泽是那么的翠绿有光，两个整齐而起兜的捧瓣和斑点鲜红的白舌，自上至下是整整齐齐的一莛九花，在一支长长的细秆上排列有序。中年人看得爱不释手，一蹲就是两个多钟头，仍流连着不肯离去的样子。他心里想：这样的好花难得相遇，我不妨出个好价钱将它买去。想到这儿便笑容可掬地对烧纸客说："我出十块银元把您这兰花买去怎么样？"

"多少呀？"烧纸客简直不敢相信自己的耳朵，所以又反问一句。"十块银元够不？"中年人再补充一句。

令这烧纸客想都没敢想的事，就这样自然而实实在在地在桥上的烧纸摊前发生了。烧纸客心里带着几分疑惑和几分惊喜地想：这三个铜板的东西，怎么一下子值到十块大洋了？这价值啊能高高地摞起我一小屋子的烧纸哩！这时候的他，说不准是惊奇还是惊喜，只是不自然地一个劲裂开嘴巴嘿嘿嘿地笑。而这位中年汉子看到烧纸客这副神情，以为自己出低了价格，致使人家不屑一答，才冷笑几声。赶忙又说："十五块怎么样？"哪知烧纸客听后心里更加多了几分惊愣，他心想：这么点儿草，出十块大洋已够惊人，怎么一刹那工夫又长了五块？他实在觉得不可思

议，但脸上仍然只是不自然地接连几声嘿嘿嘿地笑。

可有谁真正知道，这两个人所想的正好是截然相反：一个是出价一高再高，一心巴望得到这盆中所植兰花，总以为烧纸客是嫌钱少，因而不肯脱手；一个是觉得对方出价一高再高，反被这高价吓得越加不敢贸然的出让了。

时近傍晚，交易未能谈成，中年汉子怀着郁郁不欢的失望感离开了烧纸摊，离开了蕙兰桥，他的身影虽已渐渐远去，却仍几次回头望望摊边这盆花，心里希望着烧纸客会把他叫回来，爱恋之心可想而知。那些围着看热闹的，也随夕日渐渐西沉而陆续散去，蕙兰桥上慢慢地静了起来。

却说蕙兰桥边遇珍蕙的消息，犹如一夜春风被很快地几乎传遍半个绍兴。第二天，竟有众多的猎奇者蜂拥而至。那原先一直冷落的烧纸摊，霎时是一片沸腾的景象。在这些猎奇者中，有炫耀自己富有的，认为一旦拥有则荣耀无比。有并不真正懂兰只是为猎奇而猎奇的，他们以我有人无为乐为荣。现在他们竟相出价，层层加码，你压倒我，我压倒你，犹如一场赌博。而这烧纸客毕竟大小也是个商人，他已从懵懂中醒悟过来，觉得这确是笔好买卖。眼前已有人出价到三十块大洋，烧纸客仍是嘿嘿嘿的笑而不答。有人出价到五十块大洋，烧纸客还是嘿嘿嘿的几声笑，仿佛这蕙兰成了个自命不凡、不肯出嫁的姑娘儿，又好似一局永远不会“和”掉的骨牌，人们有用金银下赌注的，有用房屋作赌注的……最后竟有个高姓阔少爷提出以十亩良田作为交换条件。这时的烧纸客心头一阵暗喜，他终于经不起这十亩良田的诱惑，点头答应出让。

人们望着这盆幽灵似的兰花，笑谈着：“要不是自己亲眼所见所闻，真让人难以置信！”“十亩良田换盆草，真是天下之大，无奇不有！”有人说值得的，也有人说何苦。还有些了解烧纸客的人说：“这个可怜巴巴的烧纸客，一夜之间竟莫明其妙地成了暴发户，真是财运来，推不开！”由此这盆蕙兰在人们的趣谈中被自然地取了个“烧纸梅”的芳名。那位高姓阔少爷也从这炒兰的热闹中得了个“高十亩”的雅号。

却说这‘烧纸梅’来到高十亩家，着实使这位阔少爷接连数天非常兴奋。每天来高家看奇蕙的人络绎不绝，大家无不夸赞这'烧纸梅'花品奇佳，叶姿婀娜，在人们一片赞扬声里，更使高十亩洋洋得意，沾沾自喜。他把这花从原盆中退出，洗净根部老土，发现根部变黑，以为是缺肥所致，换上个最好的彩釉瓷花盆重新栽植，虽开花半月之久却还是舍不得把花剪掉。他又翻阅了自己所有的兰书，突然翻到有用人乳浇兰花的办法，觉得这句兰诀的确新鲜，立即要家人搞来一大碗人乳，二话没说一口气地倒到盆泥里，满以为兰花喝了会根粗苗壮。为了让兰叶发亮，他还用棉花蘸麻油擦叶子……可真说得上是"精心"培育了。白天，他守候在这盆兰花边，一会儿捋捋叶子，一会儿松松泥土。夜晚，他又把兰花端来床边桌上摆放，让它和自己朝夕相伴。

可是这兰花不仅没有领情，反而如一个富人家的少爷一样，竟得了消化不良症，叶尖渐渐黑了，脚叶也开始发黄，几天之后盆泥里还散发出一股乳酸臭味。高十亩见了也不心疼，过了一时之兴便置之不顾，任其冷落。这样不到两个月工夫，这声望好大的宝草———'烧纸梅'的倩影竟香消玉殒了，颇让当时的那些爱兰人听了为之万分痛惜。

人们慨叹：金钱虽能求得名兰，可惜缺乏养兰技艺和无争无求的平常心态，就像那些无才无智的阔佬，最终一定会重重地摔上一跤子的。

（本文素材由陈德初提供）

三十二

张先生行善纳新品
解玉珮兰蕙结同心

——蕙兰传统名品'解珮梅'的故事

蕙兰名种'解佩梅'，莛高干细，肩平捧齐，色绿香浓，历来为一辈辈的养兰人所赏识。这花初放时其形稍小，两三天后却会越放越大，赤壳绿花，不仅花期长而且花形更是始终如一，花开半月后，其开品仍十分规正。人们誉她为蕙兰老品种中的佼佼者，确实是名副其实，并不夸奖过分。海内外不少养兰人中，以拥有'解佩梅'为荣者古今不乏其人。至于说到它的发现与流传的经过，其中还有个耐人寻味的故事呢！

相传在清朝乾隆后期（1785—1795）绍兴八士桥附近有家张姓富户，这主人十分爱兰，也很喜欢大自然的山山水水，每逢春秋时节，他总要带着家人出城去郊游。虽然当时还是早春之时，但近几天却风和日丽。张先生带着家人来到离城十数里一个叫"香炉峰"的大山里踏青，顺便挖些兰花准备带回家去栽植。时近中午，几个人一起坐在溪边小憩，吃着带来的果菜糕点。抬眼望，春风送暖，苍松翠柏长满群山，层层竹林似绿浪奔腾；侧耳听，溪水淙淙，婉转悦耳的鸟鸣声在山谷回响。投身这清幽的山林野境之中，真让人感到美妙的大自然乐趣无穷。

在这静谧的山里忽然间随风传来一阵妇人的啜泣声，听去是那么的悲伤。离清明节尚早，更何况这山上没有坟墓，总不会这么早就有人来

解佩梅

给亲人上坟吧？大家都有些纳闷。于是收拾好衣物，把所挖兰花装进担里，带着几分好奇心沿着哭声寻去，只是想看个究竟。他们见山间大石边坐着个年约五十岁的老妇人头发花白、衣衫破旧、皮肤黝黑，脸上表露出万般为难的神情在对天哀号。

张先生近前几步，以动情的语调问其原因，老妇人却闭着双自眼顾自的流着眼泪。家人忙对她说："我们这位张先生是绍兴有名的大好人，你就向他说说难处吧，也许他能帮得上你。"老妇人听了这话，半睁开哭肿的双眼，用手扯把鼻涕一甩，哽咽着说："去年丈夫因病去世，无钱料理丧事，只好向别人借了债。此后债主多次上门催讨，却因遇上干旱，庄稼歉收，儿子是家中唯一的劳力，却偏偏是个好吃懒做还嗜赌的人，因此这债务实在是无力偿还。对此，债主立下最后限期，说今天再不连本带利还清的话，定要与我上公堂去解决，没法儿只好趁天黑逃离家门，来大山里躲债，不仅肚子饥饿难忍，更愁这压在心头的债务，呜……"老妇人还没说完话接着又呜咽起来。"老大娘，连本带利你欠了人家多少钱？"张先生再近前一步，躬身又问。"五两银子呀！"老妇人哭着答。

张先生听后略作沉思：总共五两，数目不大。于是便慨然表示："老大娘别为难，我代你还债。"他一面说着一面要家人取出五两银子，当面交给了这老妇人。

却说这走投无路的老妇人，突然见到自己手上捧着沉甸甸、亮闪闪的银子，简直不敢相信自己面前发生的情景会是真的，也许她以为是大山里遇到了香炉峰的观世音活菩萨相救。她睁开带着喜悦的泪眼，环视一下站在她旁边的人们，立即扑的一声双腿跪倒在张先生面前，不断地叩着头，表达不尽她内心的感激之情。在张先生的一再劝说下才慢慢地站了起来，她一面望着担中的兰花一面说："先生慷慨相助，老妪终生不忘，容后有了能力，定然归还，说到做到。"

一年四季周而复始，转眼间又是个"春风吹绿江南岸"的黄金季节，过了春分，清明临近。一天，忽见这位老妇人带着个敦实的小伙子，背着布袋，询问来到张家，这使张先生感到惊讶不已，他思忖着：我一没告诉你名姓，二没告诉你地址，怎让你能找到这里来？他正欲相问时，

一天，忽见这位老妇人带着个敦实的小伙子和布袋，询问来到张家……她从袋里取出五两银子，执意要还，又从袋里取出一捧蕙兰作礼物相赠。

却见老妇人叫年轻人跪下行了大礼，拜谢先生的大恩大德。张先生赶忙请母子俩进屋喝茶，叙谈中知道这年轻人就是老妇人的儿子。三年前，他听了母亲在绝路中遇好人赠银代为还债的事后，心里一直很是难过，既受感动又觉羞愧。从此他下决心痛改前非，懂得勤劳耕作，变得省吃俭用。几年下来，家境便渐趋好转。张先生听了很是高兴。临别时，老妇人取出五两银子，执意要当面奉还，她又从另一只布袋里取出一捧蕙兰做礼物相赠。他对张先生说："我没有带什么土产，但知先生爱兰，特地让儿子去高山间挖了这一捧兰花。"张先生看看兰花赶忙说："我只收兰花，不收银子。"就这样，双方推来让去了好一阵子，最后还是由老妇人收回银子。自此以后，两家人往来不断，几乎成了亲戚一般，结下了深厚的乡情乡谊。

却说张先生送走了母子俩，一回到家就赶忙把老妇人所赠蕙兰一丛丛地上了盆，排放在院子里莳养。不久便到了清明节，天气日趋暖和起来，老妇人所赠蕙兰在院子里也先后相继放花，一盆盆散发着清雅的芳香。一天，有位颇识兰蕙的友人来访，他一进门就闻到一股沁人心脾的兰香，禁不住近前逐盆去细细审视起来，不一会便发现了其中一盆花莛细长挺秀，外三瓣色似翡翠，紧边、短脚、圆头；白玉般的捧心下一个硕大的如意舌，舌上红点鲜艳。清秀的花莛和那倩巧带弓油光可鉴的细狭叶，它们相互交织，活像一群身缠绿色绸带的妙龄少女正在翩翩起舞，这位友人竟情不自禁地叫了起来："妙，妙！"他告诉张先生："这新花乃蕙中极品，价值非常之高，当需细心栽培，定要把这品种保留好。"

张家得新蕙兰极品的消息如长了翅膀一样，被一些兰友神速传开。次日后，来观花者络绎不绝。一天，有位穿着体面，蓄着小胡子的中年人到张家观兰花，当他一见到这盆蕙兰时，立即惊异地咧开了嘴，长长地"啊"了一声，他思量着：自己家里虽栽兰蕙近百盆之多，但像这样娇媚秀雅的好花真是见都没见过。沉思间，他的心里涌上来一句"有钱能使鬼推磨"的常言，以为只要金钱多，啥事情会办不成？他即便歪着头，流露出几分不知天高地厚的傲慢口气对张先生说："我愿出高价求购此花，你开价多少？"岂料张家本十分富有，其心不为钱财所动，竟一口婉言谢绝。中年人讨个没趣，心中怏怏不快而归。

几天来，这异种奇蕙独具风雅的形象，时时都在骚动着那中年人的心。他千方百计在设法，一心要把这蕙花搞到手，一时的碰壁，反而更进一步增强他心中不断追求的毅力。五天之后，中年人备足了厚礼，再次去张家登门相求，言语举止也变得彬彬有礼。张先生想起了一句，"兰草兰草本是草，大家玩玩才叫好。"的绍兴民间俗话，他的心终于被中年人爱兰至深的一番诚意所感动，答应分给数筒，但他再次当面告诉那中年人，拒绝收礼受银，要不然就不给。这一举动实实地使这中年人在得到满足的快乐里越加添上了几分羞怯不安，他的两手不自在地摸摸衣襟、拉拉衣角，心想不知该如何是好。无意中他触到了佩在自己衣带上的那块翠绿晶莹的玉珮，便立即解了下来，双手托到张先生面前说："给先生作个纪念吧！请勿推辞。"张先生欣然接纳，没有再作推辞。此后，他们往来频繁，切磋兰艺，交换品种，如忘年交手足一般感情日深。不久经两个人商议根据解下玉佩作纪念的亲身经历给这蕙花取名为"解珮梅"。

时代如车轮滚滚向前，百年后张氏家族的一代一代人也像这'解珮梅'那样不断绵亘繁衍，到了民国前后，张氏的子子孙孙有在杭州谋事的，有定居在上海等地生生息息的，也有留在老家的。沧海桑田，四时多变，尽管他们谋生之路不同所创业绩有别，但老祖宗传下来的蕙花珍品'解珮梅'却一直被子子孙孙们百般地珍惜着，精心地养植并且越种越多。

(本文素材由陈德初、诸水亭等人提供)

三十三

为猎奇众人拥药店
图发财傻瓜吃兰草

——蕙兰失传名品'太乙梅'的故事

离绍兴城西约莫四五十华里，有个柯桥古镇。这里的河道宽阔而且纵横交错，著名的大运河南伸镇中，它把这古镇分割成东西两大块，分别被称为东官塘和西官塘，一座座高低不一、为数众多的石拱桥横跨河上，硬是靠着它们把一块块被河流分割开的陆地，重新连成一体，犹如匈牙利的布达佩斯那样。古镇的东、西两面是广阔平坦的宁绍平原，而西、南面却是连绵起伏的崇山峻岭，土特产特别丰富。自古以来，柯桥这地方就是山货、洋货的集散地，商事十分繁华，素有"小绍兴"之称。

相传在民国初年，古镇柯桥街南红木桥边的屋群中有幢特别高耸的楼房，这就是当时颇有名气的太乙堂药店。店里由于生意好，场面大，店伙计（职工）也自然要多些，其中有位家住镇南山区称名州山的吴姓伙计，做生意十分老到，很得老板的赏识，他进店没几年就被提升为"阿大"（经理）。他不懂兰花，也无意想在兰花里发财，却由于兰花引发的事端而改变了他的人生道路，受到了命运无情的作弄，令人听了为之叹息。

那是江南三月天气，云淡风轻，山下梯田里是一大片一大片玫瑰色的红花草，绯红的杜鹃花在山上正开得绚丽烂漫。过了寒食节便是清明

太乙梅

扫墓的时候，家家户户都要挑着食担到山上祭祀埋在黄土垅中的亲人，以表示对先人的怀念之情。为此，太乙堂药店的吴姓伙计也特地告假赶回家去扫墓。他带着妻小，顺着弯曲的山道缓缓上了山，在老祖宗安息的地方点起香烛，摆上酒菜，虔诚地跪拜一番。而孩子们年幼，不懂这些规矩，他们在祖坟前敷衍一下，趁大人一个不注意，撒腿就漫山遍野地跑往别处。待父母亲烧完了纸钱，收拾好食担准备回家时，转眼一看，早没了孩子们的踪影，急得父母用两手做个"喇叭"状放开嗓门在大山上大声叫唤起孩子来，可是除了他俩自己的回音，却并没有孩子们的应答声。

　　吴姓伙计要妻子留在祖坟边等候，自己则边喊边找，直找得他头上如蒸笼般冒出大汗。他在山道上转过几个弯以后，终于看到了孩子们正爬在矮树干上不知在做什么，他匆匆赶得近处才看清是几棵树干粗矮而扭曲的雀梅树丛生在一起，那婆娑的枝头结着许多去年秋天成熟还没有掉落的珍珠般大小的褐红色果子，孩子们正一个劲地采摘着往自己的衣袋里装。不多一会儿，他们才发现树边站着自己的父亲。一见到爹，兄妹几人一个个得意洋洋拍拍自己的袋子，都说自己的雀梅果摘得多。

　　说实在的，这吴姓伙计虽家住山里，但平日都在药店里干活，很少能有上山的机会。此时此刻他也感到这里天地宽广，山河辽阔，不仅没有埋怨孩子，反而自己也童心大发，竟撸高两袖来帮孩子们采摘雀梅果子。他的身体紧靠着树干，一不小心长衫盖头被树枝拽住了，正当他弯下腰伸手去拉衣角时，一眼瞧见那雀梅树丛间，有丛叶子二尺来长的九节兰草，长得十分嫩绿健壮，那细长的花秆子，上下左右是排列有序的一个个心形的花苞，好似一大串小铃铛，分外诱人，他便在身旁折根树枝，钻进树丛撬开周围泥土，连挖带拔地把这丛九节兰草弄到了手。

　　第二天，吴姓伙计要重回药店上班，临走时顺便把这丛九节兰草带到太乙堂药店里，他找个熬过补药后废弃的大号砂罐，又到墙角边挖了些年久的药渣泥，把这九节兰草放在砂罐中，倒进泥土，再用手撩实，浇过水后用抹布擦净罐上的尘埃，一口气把它端来放在店堂柜台中央。顿时为店堂平添了几分高雅之气，他心想是待得花开时可以看看花，闻闻香，以招徕顾客。

大约过了十三四天，药罐里的兰花自上往下一朵接一朵有序地开放了，浓郁的兰香飘溢在太乙堂药店。可是听店中有稍懂兰其实并不真懂兰的人说："这蕙花虽大而香，但花瓣头上太圆，状似黄杨木的叶子，只不过是一种'残疾花'而已，没有什么大价值。"所以吴姓伙计除了给它浇点水以外，其他一概就任其自然了，并不把它当一回事。

不料有一天，有位蓄着山羊胡的魏姓老人拄着拐杖慢步来到太乙堂药店撮药。他一跨进店门便闻到店里兰香四溢，近得柜台来便见到砂罐里所植的那九节兰，他一会儿看叶、一会儿看花。竟像着了迷似地左看右看了好一阵子，连店伙计把药称全、包好，叠成四叠，扎成两捆，再放到他面前，通知他药已撮齐。可是老人竟没有把这些话听进耳朵去。

吴姓伙计看到了，他走过来恭敬又和气地对老人说："老先生，您要的药已按方子撮齐包扎好了。"老人连看都没看一眼，只是若无其事地"嗯"了一声，却仍然把精力集中在柜台上的这九节兰上。"老先生，这叫九节兰吧，看您老好像也喜欢兰花的。"吴姓伙计有些诧异，略带几分试探性地问。老人说："你看这花瓣形似豆板（大豆的子叶状），圆头收根，两个捧瓣若蚕蛾双翅一般，如意形的舌上红点艳丽，多好的绿壳梅型蕙花啊！"老人对这盆蕙花一五一十地夸赞了一番，才抬起头注视吴姓伙计笑眯眯的脸说："这是你采来的吗？你可曾听到过'九节梅，洋钿堆。'这句老话？"说完，他与吴姓伙计点头告别，即便拎起药包慢步离开了太乙堂药店。

却说店里的伙计们听老人这么一说，个个笑逐颜开，有的带着几分羡慕地说："这下我们的吴阿大要发财了！"有的带有几分玩笑地说："发了财可不能一人独得，该像这九节兰一样要大家香香啰。"至于吴姓伙计自己，更是连夜晚做梦都笑醒了好几回。

就在魏姓老人离店后的第二天，有位柯桥湖塘的章姓兰家闻讯赶到太乙堂来观兰，他细细看这九节兰，各花五瓣分窠，花色嫩绿，外三瓣头圆似梅花，叶质厚实而细糯。便问一位伙计："这花的主人是谁？"几个伙计几乎是异口同声回答："是我们这位吴姓阿大的。"

吴阿大见来人穿得异常体面，气度不凡。便几步迎上去，恭手作个揖。两人相互施礼后，便走进会客室，双方作过简单的自我介绍后，章姓兰家即表示自己愿出十块银元收买这盆九节兰。哪知这吴阿大是个得一想十、得十想百的人，他的脑子里总是装着老人说过的那句"九节梅，洋钿堆"的话，心里一估算：这十块银元的出价跟个"堆"字相比，简直是人跟笠帽亲嘴——相差悬殊呐！便淡淡一笑说："以后再说吧！"章姓兰家一听这话，知道他是不肯出让，只好无可奈何地怅然离去。

十块银元买盆草，药店的吴阿大还嫌少。这样一个好似神话故事般的消息，被人们传来传去，不多时几乎轰动了整个柯桥古镇，来太乙堂药店看兰花的人，进进出出，纷至沓来，犹如赶庙会一般。其中有懂行的人当然是来赏这梅瓣新蕙，也有外行的人纯粹是来凑凑热闹，他们想看看这么值钱的东西莫非是金丝草不成！

几天来，中药店里人来人往川流不息，络绎不绝，弄得药店里一时不能正常营业。老板看到这场面，心里大为恼火，他让一位店伙计把这盆九节兰端到里屋去放着。由于店堂里没有了这"怪物"自然来的人就少了。一场闹剧总算渐渐地平息了。不过在此后的日子里却仍不时有人来药店找吴阿大洽谈出让九节兰之事，他们有从绍兴城里赶来的，也有从杭州，上海等外地赶来的，有人把价格自二十块洋钿出到三十，又从三十出到四十、五十……最后竟有人出到一百块大洋要求出让这九节兰梅瓣花。

俗话说："人心不足蛇吞象"这吴姓店伙计接待着一个个来店求购九节兰者，他看着那些求购的人一双双渴望得到这蕙花的眼睛，听着他们如抢购古董珍宝一样急剧上升的出价，自己心里仍然没有知足。终使那一个个求购者带着几分留恋和几分失意，寒心而别。七八天里，药店老板对这吴姓阿大不务正业的表现一直看在眼里，内心对他已日感不满，而这位吴阿大却像一句绍兴谚语"头里卜卜敲，还道是块煨年糕"那样，全然没有觉察，表现出无动于衷的态度。

却说这九节兰被捧进药店内堂后，眨眼之间已过了一个月左右，它

几天来，他悔恨交加，口中不进茶饭，脸上更是憔悴不堪，仿佛是生了一场大病，此后便渐渐的精神失常，行为失态……

既缺少光照又因长时间开花而耗尽了兰体内的养料，叶色便日渐发黄。而吴阿大仍只知每天浇水一勺，致使盆中土壤过湿，空气流通不畅，原本是生机勃勃的植株就这样成了半老徐娘。此间虽然还有人来店求购此花，但他们一看这草没精打采的样子，知道下面的兰根已腐烂，所以看后一个个都不声不响直摇着脑瓜而去。

没过多少天，好好的一个蕙花新种就这样被活活折腾得全丛萎蔫。消息传来，真让那些爱兰人听了惋惜万分。尤为使人感慨的是这位吴阿大目空一切和我行我素的为人处世，已让老板十分厌恶，致使他最后下了决心与吴阿大算清工钱（解雇）。到了这个时候，吴姓伙计才傻了眼，但事情已经到了这般田地，他自感无力挽回，只得卷起铺盖，带着那盆黄萎的蕙兰，怀着沉重的心情打道回府。从此就失业在家。

一出"赔了夫人又折兵"的人间闹剧就这样偶然而又无情地落到了吴阿大的头上，几天来，他悔恨交加，口中不进茶饭，脸上更是憔悴不堪，仿佛是生了一场大病。此后便渐渐地精神失常，行为失态。人们只见他手里撮着这丛枯萎的蕙草，口中念念有词："啊，一百块，一百块……"最后他把这丛蕙草放进锅里煎煮一番，连汤带草吃个精光。紧接着又是不断地叫着："一百块、一百块……"

大千世界，芸芸众生，说到底兰蕙并非什么宝物，它只不过是百花丛中一物种。生活中常会有爱兰者万般相求而最后未能得者，也会有一些不懂兰者由于自己的愚昧和贪婪而将一株好兰蕙被毁于自己手中的。被人们看作圣洁高雅的兰花，有时也会牵动一些人以各种低俗的手段获取财欲。吴阿大这种悲惨的遭遇和结局，留给人们去细细地思考。它告诉人们行事中都该适可而止，千万不可太"过"，以免走向反面。

（本文素材由陈德初提供）

233

三十四

两老王重金买行花
吴恩元慧眼辨真伪

——蕙兰传统名品'涵碧梅'的故事

　　素来被人们誉为"天堂"的浙江杭州，风景优美，物华天宝，一直以来是人们为之向往的好去处。在离杭城约莫十多里地的西北部，有个叫湖墅的地方，它东临西子湖，暖湿的东南风可以长驱直入，而在它的西、北两边却有莫干山和天目山像两道屏障，能阻拦住寒冷西北风的侵袭。这种既温暖又湿润的自然环境，无疑成了兰蕙生长的天然摇篮。

　　打从清朝同治、光绪，直至民国初期，这里一直有一个偌大的"九峰阁"兰苑，主人吴恩元，是一位缙绅，曾作过杭县的县令。他中等个儿，头戴黑色圆顶帽，身穿马褂、长衫，嘴上蓄着胡子，他的兰艺、兰德，更是为时人所称道。

　　九峰阁兰苑里，植有传统兰蕙四五百盆，其中还有几百余盆新品。到过九峰阁的人，无不惊叹其规模之大、品种之全，无不钦羡其莳养得法、管理至善至臻。吴恩元本人更是位翻盆、浇水、施肥、除虫等工作务必亲躬的艺兰家，他在学习前人经验和长期对兰蕙发芽、生长、起蕊、开花等方面的观察和比较中，掌握了许多鉴别兰蕙品种的规律和方法，是当时在江南一带传统兰蕙培植和新花拣选的高手，以至当时有人猜测他大约在什么地方得到过秘招呢！

涵碧梅

那是在民国七年（1918）农历正月的上旬，杭城内外还处处洋溢着过年的喜气。一天上午，绍兴漓渚的刘德林和钱鹤龄两位兰客，专程来到吴家。主人与他们之间早就相熟，双方见面都显得相当热乎，几口茶下肚之后，便是言归正传。刘德林弯腰从自己所带的竹兜里取出一丛吐蕊的排铃期蕙草递给吴恩元看看，冀望讨得欢心。吴恩元只是稍瞥一眼称是"夏拐子"（蕙花识别品种较难，故杭人有此别称），压根儿没有引起重视，他摆摆手说："这个呀——嗯！不看也罢。"

刘德林见主人对他的蕙草不感兴趣，大失所望，赶快凑到主人身边轻声耳语："您看，这是绿花梅！'小包衣'，全部是一色的深绿色，肉彩又那么的厚……先生是当今的艺兰真人，我怎敢说假？"

吴恩元心里觉得客人所述在理，又见他态度如此恳切，出于礼貌，便接过这蕙草来细看，只见五桩近二尺长的硬草中间，虽然还是一个个如绿豆那么大的小花蕊（小排铃），可"小包衣"（蕊壳，贴肉包衣）上隐约地现出了紫红色"沙晕"（烟雾状色点），且"水色"（颜色鲜明）极佳。到此，他心里已有了底，这蕙兰准属赤转绿壳花品。吴先生对蕊头的形状特征和小衣壳颜色特征再三审视分析，认为开品一准极佳。于是脸上顿时消散了刚才对这块蕙草淡漠的云彩，漾起了喜悦的涟漪。刘德林根据自己做兰花买卖的特有感觉，意会到自己的话没有白说，现在主人分明已看上了自己的这块蕙草，他的脸上虽未敢露半点快乐的声色，可心底里却实在欣喜不已。

当初只打算看一看就放下这块蕙草的吴恩元，现在竟变得爱不忍释了，他试探着对刘德林说："如果你出的价格太高，我是不要的。"刘德林赶忙应答："您说好了，您说它值多少钱？"刘知道吴是个非常通情理并体恤别人的人，往往出价比兰客自己所出还高。双方经客气地推让一阵之后，还是由吴恩元先出了价，他根据当时春兰新梅15尊佛番（英国银元的俗称）一桩计价，估量此价为75尊佛番。刘德林一听此价，心里已甚满足，但他却仍装出一副吃亏的样子说："哎哟，什么？我的吴先生，这可是九节梅啊！"最后吴恩元以120尊佛番的价格买下了这蕙兰新梅。刘德林欢欢喜喜地收好银洋钿，背起空竹兜跟主人和老乡钱鹤龄

这蕙兰属赤转绿壳花，吴先生对蕊头的形状特征和小衣壳颜色特征再三审视分析，认为开品一准极佳。

道个别："你们再宽坐会儿，慢慢聊吧！我还有事，先走一步了！"

刘德林离走没一会儿，这位一直坐在客堂里看着主宾二人看花和讨价还价的整个过程且横竖没吱声的兰客钱鹤龄，不禁心生几分嫉妒，他暗自在骂：好你个刘德林，你倒是赚到了大钱，拍拍大腿先走了，我可还一无所获哩！想到这里，他突然忽地站了起来，带着好似替主人惋惜的口吻说："您怎么出这样的大价钱？这九节兰还没大排铃放花，到底是好是孬？压根儿还没清楚！我看这次您的一大叠洋钿准是扔到钱塘江里去了。啊！我实在替您可惜啊！"吴恩元听了他的这些话，没有吱声，只是淡淡地一笑。

却说这被吴恩元买下的蕙花新梅，在九峰阁里得到了主人精心的管理，很快就服了盆，随着天气的逐渐转暖，它的花梗不断长高，蕊头也变成大排铃，到了农历的谷雨时节就开始放花了。短阔的外三瓣鲜绿如勺，紧边厚肉，两片微有合背（以分窠为多见）而总体分窠的半硬捧中间，吐出一个如意舌来；一支几乎超过两尺高的花莛上，开着一朵朵颜色苍翠清秀，宛若碧玉般的花朵，好似一群潇洒的小伙儿穿着一身齐齐整整的鲜绿色服装，神采奕奕，风姿翩翩。来九峰阁看花的人，无不夸奖此花内蕴深邃，花开半月仍为平肩，洋洋洒洒，气质卓然，碧绿似玉，称它为"无上妙品"。吴恩元根据这花的神气和碧绿鲜明的特色，为它取名"涵碧"。

就在'涵碧梅'开放的头三天，兰客钱鹤龄又转来九峰阁，当他一走进客厅，几架上一盆九节兰立即映入眼帘，它香味清馥，五瓣分窠，花品端庄，鲜嫩碧绿。钱鹤龄不禁连声地赞叹一番："啊，好花，好花！"

在花前，钱鹤龄忽然昂起头来，眯细起眼睛一副若有所思的样子……"哦！"他轻轻一跺脚想起什么来了，他告诉吴恩元："看了这'涵碧梅'想起了曾经红极一时，尔后却断了种的蕙花'翠蟾'，其形其色，多像一母所生的姐妹俩啊！"吴恩元扶正一下自己的老花眼镜，带着几分感慨的语气说："有时候兰花也会像历史上那些叱咤风云的人物一样，有百世流芳的，也有昙花一现的，可一切毕竟都已时过境迁了。"他对钱鹤龄所说的'涵碧'花和'翠蟾'花作个比较："两花其形其色确有相似之处，但'翠蟾'属绿壳蕙，'涵碧'却属赤壳蕙，而且花品总体上审评起来，今天的阿妹'涵碧'要比昨天的姐姐'翠蟾'更胜一筹。"

却说吴恩元买到落山蕙梅"无上杰品"的消息，难免传进一些养兰人的耳朵里，尤其是看到过这花的那些人，一个个都怦然心动，其中不乏有人不惜金银、四处打听、渴望自己也能得到，更会不惜代价四处搜寻。果真，在同年的十二月底，兰客钱鹤龄又一次来到九峰阁，他告诉吴恩元："新近王鹿石和王长友两位爱兰先生合伙买了一块九筒九节梅瓣落山草，有三个花苞，计价 380 尊佛番，花品可能比'涵碧梅'还要好。因为前些天我们已剥视过一个'头子'（蕙兰的小花苞），见到里边是起兜不合背的捧心，大圆形舌，可惜在剥开时两个副瓣被弄破，没能看到它们的形状，但见其主瓣形状短圆而不翘出，所以应当是细花无误。"

"那个'头子'的外壳形状是长还是短？你可看清楚没有？"吴恩元紧接着问。"当然看得清清楚楚的啦，与众蕙花的头子相比，它该是半长壳出身。"钱鹤龄语气十分肯定。

"哈哈哈！"吴恩元仰天一阵大笑说："他们几个人看我买了丛新蕙下山草，得了梅瓣佳种，也想步我的后尘搞个新花九节梅超过我的'涵碧梅'，意向当然不错。可是他们不知道自己着拐了（受骗之意，杭州方言），吴恩元用手拍几下自己的衣袖掸去灰尘接着又说："蕙花梅瓣以龙吞舌和硬如意舌居多。至于看花瓣是否反翘，必须要看过两个副瓣的形状后才可算数，只看主瓣形状好，不能作为确切的识别依据。"

吴恩元根据蕊壳、瓣形、舌形等特征分析和甄别品种，如此精辟独到的一席话，真让钱鹤龄听得目瞪口呆，他坐在客厅的椅子上深觉自己肚里货少，犹如草包一个，脸孔一直红到脖子根不自然地抓抓自己的头皮。

"像你刚才所述那小蕊头形的特征，我认为开出花来其舌必圆中有缺，且外三瓣必反翘，原因很简单，这是因为花蕊的外壳与它的里身不统一之缘故。"吴恩元下了这样一个结论。

这时的钱鹤龄简直是呆若木鸡，两眼直直地望着吴恩元，他心里当然清楚，两位老王所合买之蕙全系由自己穿针引线所致，从中自己也赚了点辛苦费。万一那花开出来真如这吴先生所说那样，自己该怎么办？他有点坐立不安了。但在人前他仍摆出一副硬汉子好强的样子，提出要与吴恩元打赌说："一切待开出花来我们再论短长？"

时光匆匆走完了近两个月的里程，来到了万象更新的春天，两位王先生合伙买下的新蕙在春的呼唤中渐渐醒来。一天，兰客钱鹤龄亲自携着那盆蕊顶已初露排铃的新蕙，再次前来吴家，请吴恩元细细审视。吴恩元一看，果见是长壳"花头"，其中一个已是小苞微露，可以完全看得清楚那"花头"是尖细无肉。于是便干脆直言相告："这新蕙必是行花无疑。"他开个玩笑说："不如尽速找人脱手，或许还能保住个本钱。"

俗话说："不到黄河心不死"一种侥幸的心理驱使钱鹤龄铁下了心，他不亲眼看过所开之花怎会甘心？盼呀盼，直盼到农历的三月下旬，这新蕙总算放花了，一切形象果真如吴恩元所言那样。钱鹤龄看着一朵朵反翘、缺舌的花品，肚子里如同灌饱了生柿子和黄连汤，事到如今该怎么办？自己的内心虽说并不是有意想骗人，但在客观上却已是那么回事了，人家说起来：你吃了那么多年的兰花饭，竟连细花与行花都分辨不清？扪心自问，该是多么失面子的事啊！他匆匆地辞别了吴恩元，不知上哪里去，是把这"九节梅"送还给采挖者本人呢，还是又去转手易主？谁也不得而知了。

吴恩元十分钟情兰蕙，他承前启后为祖国保存了一大批当时已属凤毛麟角的江浙兰蕙珍稀品种，还不惜重金陆续收集到一批新品种的瓣子花。他细心地观察、潜心地研究，坚持不断地实践，从而使自己能获得真知，为爱兰的后人们写了《兰蕙小史》这样一部综合艺兰知识的不朽遗著。

抚今追昔，兰骗子古来有之，他们耍出种种伎俩，有的通过套近乎、交朋友，以笼络感情的手段让你失去戒心再来行骗，有的竟开着小轿车，装出一副阔佬的样子骗人大钱，让人真是防不胜防。只有勤奋学习前人的经验和努力进行科学实践，懂得自己既修心又艺兰的人，那么你必能炼出像吴恩元先生那样的一双辨别真假的慧眼金睛。

（**本故事素材搜集于吴恩元《兰蕙小史》**）

三十五

化三千测字断案情
县衙内竟是窃兰贼

——"九峰阁"兰苑被盗案的故事

有句常话，叫做"树大招风"。细细推敲起这话含义，在大千世界里的确曾有过不少由于出了名而招致横祸的真人真事发生。在光绪壬寅年（1902）时，浙江杭县湖墅这地方就因为这里有个称江南第一兰苑的"九峰阁"，从而使这个小地方也变得闻名起来。每到春天兰蕙开花的时候，江浙一带不少的兰迷，总要拥到湖墅来聚会，他们赏兰、品兰和交流育兰技艺，常常会被九峰阁里的兰花陶醉得流连忘返。

那年农历四月二十三日的夜晚，接连几天春雨如丝，兰苑里的兰蕙在花后正抽发着新芽新株。第二天早晨，雨止天晴，枝头的雀儿们在明媚的春光里欢唱跳跃，它们的啼鸣声催醒了床上那些不觉晓的人们。兰苑主人吴恩元早早起了床，正在伏案朝读，忽见一位家人慌慌张张来报告："先生，不，不好了，兰、兰、兰花被人偷光了。"

吴恩元一听是兰花被窃，赶忙合起书本，站起身要去现场看看。哦，那一大片原来种得整整齐齐的兰蕙都已被连根拔去，只留下那大小盆盎有被打破的、有被翻倒的，蚌壳、泥沙与石粒撒满在地面，一片狼藉。吴恩元木呆呆地凝望着那些残留物，想起那么多的兰蕙都是自己多年来如衔泥叼草、辛苦筑巢的小鸟那般苦心搜集而成，有的还是用重金购买来的，而今却在一夜之间被毁得这般一干二净，不禁全身一阵哆嗦，内心里更是撕肝裂肺般的难受。

当天，附近的一些兰友先后得到了消息，有的还亲自赶来九峰阁看个究竟，并对吴先生加以安慰。他们见了这杂乱的场面，一个个也都傻了眼，不相信眼前所见会是真的。其中有位兰友，是杭城有名气的伤科郎中（当时人对医生的称呼）龚文漱，他看过了现场之后便不声不响转身就走，匆匆过了武林门，顺着延龄路来到梅花碑，寻到一位叫"化三千"的测字先生，想测个字问问凶吉，因为那时的人有遇上了麻烦事的时候，常常会去求这些"小神仙"，请他们告诉自己是福是祸？竟也会有巧合或被侥幸说准的时候，因此测字看相在当时社会里是颇为流行。

龚文漱来到测字先生化三千的桌子旁，抓个凳子一坐，连个价钱都没问就急急地伸出手去，从测字先生的那只小木盒里摸出一团小纸球来放到化三千手上，又看着化三千慢条斯理地把纸条打开。这是一张比豆腐干稍大的白色方形小纸，上面写着个十分工整的"飛"字。化三千问："先生今天为何事来这里问询？""来查询失窃之事"龚文漱答。

化三千听后，将几下自己下巴上的山羊胡须，又抬头眨巴几下眼皮略作沉思，随即伸手拿起毛笔往砚上添点墨，就在桌上放着的那块"水板"（一种上面涂过白色油漆的小木板，可用毛笔在木板上写字。）上写个"飛"字。写毕，他把笔搁回笔架上，开口告诉龚文漱："此案看来非一贼所为。失物所含的金额甚巨，当有万金之值。然现在窃贼正在朝北方方而逃，破案尚需一定时日，其时必待逢九。"说完这些，他稍停片刻，又抓起笔来一面在水板上写字，一面口里解释起来："上半个'飞'，下半个'飞'，两个弯勾中有二人躲藏，可见贼非一人也。"化三千长长吸了口气又接着说："两个'飞飞'向背而坐，成了'兆'字，加上'辶'（走字），即成'逃'字。可知这些窃贼日前正在路上逃。然'逃'字的一捺是根长辫子，拟为在拖辫而逃，必易抓到。"化三千双目注视一下龚文漱脸上的变化，看他听得认真，便继续说："你看'兆'字两面各去掉一笔，不就是一个'北'字？可见窃贼是向北而逃，其赃物其放在朝北方向。你再看'飛'字去掉外面的翅膀，里边留下的是个'升'字，将此字一拆为二，则为'十千'也，所以我知道那所窃之物，其价必值万金以上。"这时的化三千仿佛真成了个活神仙似的，越讲越来劲，他转动一下眼珠子又说："再请看这'飛'的下部，去掉一撇和一竖，即成了'九'字，我便知此案必在逢九之日告破。"化三千干咳几声，随即伸出双手，一一扳着自己的手指说："自失窃之日算起，在九（初九日）、二九（十八日）、三九（廿七日）……如此推算，或者逢月之初九、十九、廿九……这般核计，定会在这些日子里破案。"最后他又补充一句："我的话准不准？你就等着瞧，到时必会有应验的。"

龚文漱听了，心里甚觉好奇，他付了测字钱与化三千拱手拜别，立即兴致勃勃地重新赶回吴家，把刚才去测字的经过，一五一十地讲给吴恩元听，告诉他破案之日必在逢九，还陪吴恩元去杭县衙报了失窃案。

说起这杭县的县太爷，原名叫林登岚，五十多岁，祖籍湖州人氏，在这养兰之风颇盛的杭县地方任官，他首感自己的名字太俗，又正好自己喜兰，便改名为林德兰。县太爷的家里也莳有兰蕙六七十盆左右，每到春时他都要去九峰阁赏兰，也曾陆续地得到过吴恩元等兰友们所赠的二十余盆兰蕙，说起来也称得上是兰花挚友。现在吴恩元来报案，县太爷自然要格外重视一些，当天，他看过了案卷，旋即派出捕快深入各处侦查疑点、寻找线索。可是八九天已匆匆过去，案情却一无进展。

直到第十天（五月初二）头上，倒是在吴家内部，案情有了突破性进展。那天早晨，曾来向主人报告过兰花被窃消息的那位家人，突然病了，满口的胡言乱语，一会儿笑着说："我是天上的神仙，我知道偷花贼在哪里。"一会儿又哭着喊："不是我，我没有偷啊！"吴恩元只好把自己的心事暂时丢弃，赶快请来医生为这位家人诊治，还亲自送他回家去养病。就这样又过去了十数天，家人的病情有了好转，神志也清楚了，但他的母亲仍觉得儿子的两眼老是发直，凭感觉还是定有心事，就对他说："孩子，你有啥心事？讲给娘听听总不要紧？"在老娘多次催促下，他终于说出了搁在心里的话："那天夜里下着小雨，忽见院外墙头探出一个脑袋，正当我要叫喊时，一个高大的黑影忽地扑过来一手便搂住了我的脖子，另一只手把一团布塞进我的嘴，厉声地说：'别出声，要不一刀

化三千将几下下巴上的山羊胡须，眨巴几下眼皮，略作沉思，随即伸手拿起毛笔往砚上添点墨，就在桌上那块水板上写个"飛字"。

捅死你'。接着又跳进来几个人，把我捆住，其中一个身上有香水味的人还把几块银元塞进我的衣袋里，跟我说：'帮帮忙'。我眼睁睁看着他们把兰花拔起，装进麻袋。直到他们逃离时才解开我身上捆着的绳索。我还隐约看到那个大高个脚一滑，摔痛了腿，跛着脚走路。"母亲听完孩子的述说，用颤抖的声音对儿子说："吴先生对我们如同亲人，可要对得起人家呀！孩子，我们不要那黑心钱，快去把这些情况告诉吴先生，好早日把'偷兰贼'抓起来。"

话分两头，正当家人把自己亲眼所见的情况告诉主人的时候，龚文漱这边也传来消息：近十多天里，有个大高个男人说自己拉车不慎摔伤了腿，每隔一天都会来换药，他看到我家天井里种着兰花，竟说自己也有，主动向我提出：如能医好他的脚伤，定然要送几盆给我，这些天，他觉得自己的脚伤有了好转，已先后送了好几丛兰花了，都是些老盆口的，其中一丛很像蕙兰'翠蟾梅'。两人把所知情况互相汇述后，认为这个大高个定是窃贼嫌疑人之一。便匆匆又来杭县衙找林太爷。

县太爷林德兰听完两人所述，即刻布置了两名捕快，等候在龚文漱家里。午后，果见大高个进屋来，还没等他坐定。捕快们忽地迎上去，利索地把他逮住，立刻就往公堂里送。

公堂上，大高个只讲出自己是大观山人，一口咬定是因拉车不慎摔坏了腿。说那些所送的兰花是自己前些天从山上所挖得的。

林德兰心里思忖：我的艺兰水准虽不能算精，但看"下山草"或是"老盆口"，这点起码的本事我还是有的。明明这是多年的老盆口草，这小子却自欺欺人，硬说是刚从山上挖来的。哼，这中间必有诈情，你胆敢骗老爷子？他当即厉喝一声："先打二十大板！"大高个的腿上本来有伤痛，再这么二十大板一吃，真疼得他叫爹叫娘，呼天哭地。

林德兰几次喝令："从实招来！"但这大高个仍是紧咬牙关，绝口不说如何去九峰阁窃兰的事。县太爷感到有失威严，真的动了肝火，他一拍惊堂木，喊声："大刑侍候！"两边衙役拿根高悬着的粗麻绳，一头搏住大高个的两只手腕，几个人拉住另一端，两下三下，立刻让大高个的骨头咯咯作响，一下他就被挂了"天灯"。

大约挂了吸完两盅旱烟的工夫，正准备要抽鞭子的那刻，大高个忍不住痛，直喊"我招，我招！"他终于招出了自己是在赌场上认识了一位林姓阔少爷，因自己赌博输光了钱，收受了阔少爷的三十两银子，于是便跟其他几名赌哥们一起帮着这阔少爷去偷兰花。

县太爷赶紧追问："所窃兰花现在何处？""大人，就在大观山我的家里。"大高个战战兢兢地回答。令县太爷感到有些奇怪的是：此窃贼所招出的阔少爷怎会与我同姓？暂且让我再问其名，弄清楚了以便去捉拿。接着便问："哕！本官再问你，那阔少爷唤何名？何等样人？何方人氏？""他叫林百青，矮胖个、大鼻子，右耳边长有个肉疙瘩，人家在背地唤他'小耳朵'。听说他父亲还是个大官，有权有势，谁也不敢怎么样他的。"

林德兰听到这儿，脸上霎时热辣辣的，心里暗暗惊叫一声："啊，这个孽种！"从名字，外形特征和家庭情况来看无疑都证实了阔少爷就是自己的儿子。这时候，公堂里鸦雀无声，林德兰几乎能听到自己的心在"嘣、嘣、嘣"急促跳动的声音。一时竟显得束手无策，只好赶忙宣布："退、退堂！"一头是王法，另一头是亲儿子，抓还是不抓？一时难坏了杭县太爷林德兰。他回过头仰望那上面镌有"清正廉明"四个大字的匾额，眼前怎会慢慢地模糊起来？他心里的天平似乎也在慢慢地向儿子这边倾斜了。这个本来快被揭开盖子的兰花失窃案，此后却一直被压在县太爷的案头，便没有了出头之日。

可是九峰阁兰苑，当时在地方上毕竟是闻名遐迩，这个失窃案多拖上一天，舆论影响就会扩大一天，无疑是在给官府制造麻烦和压力，像邵芝岩、陈和卿等那些杭城的艺兰名家，又多与杭城府衙的要人关系密切。在他们的周旋下，连杭州府都被惊动了。府台令杭县把这案子转上，由府爷自己直接审理。

开审前一天，府台大人先招来杭县的几名捕快问询："你们真是无用之徒，这种简单的案子，怎么迟迟查不清、破不出？"

捕快们听了这些问话，一个个脸露难色，欲言又止。府台看出了他们这种矛盾心理，便给他们壮胆："由本官为尔等做主，实情实讲，但说无妨。"

一位中年捕快放轻了声音说："大人您有所不知，并非真是我等无能，其中底细实在早已查清。贼人所窃之兰，也早从大观山转移到湖州去了，还不是都种在杭县林大人的湖州老屋里！"

第二天（六月初九日）历时整整四十五天的兰花失窃案子虽没有开审，但九峰阁却收到了杭州府的正式书面通知，要主人派人去湖州一个指定的地方取回被窃兰花。当天，龚文漱、吴恩元带了几个人启程前往，数天后才取回兰花，虽然一路劳顿，却因是迎兰蕙还家，心里还是兴奋异常。他们屈指推算时间：不但日期正好逢九，且距失窃之时也正好是五九四十五天。而赃物所放地点又恰在杭州以北的湖州。高兴之余，两人重提化三千所测的那个"飞"字，真的一切都被"吹"中，心里不免更感神奇几分。

此后，吴恩元凭着自己精湛的养兰技艺，悉心管护好失而复得的兰蕙，仍不断搜集落山新奇品种。没过几年，兰苑里的兰花不但恢复了元气，而且还有了新发展。

至于问到杭县衙门里的林大人与公子的结果如何？那自然是平安无事喽！要知道在当时的社会里，徇私枉法、官官相护都是一种半公开的官场风气，因此"大事化小、小事化了"的结局，都是最平常不过的了。

（本文素材搜集于郑国梁口述，并在《兰蕙小史》中得到考证）

三十六

唐曲人难圆著书梦
吴恩元协力致成真

——撰写《兰蕙小史》的故事

　　清朝后期，江苏武进一带的不少人家，多以手工制作篦箅（梳子的一种）为业。那时候这里住着户唐姓人家，所制的篦箅特别光洁精致，因此，生意也要比别家来得红火。可是家里美中不足的是，原来长得健壮聪慧的大儿子，突然生了一场大病，虽经医治捡回了一条小命，却从此脊椎骨成了弓形，再也挺不起胸来。在此以后，家里人及邻居都习惯地唤他"驼儿"，反而把他的真名给忘记了似的。

　　孩子七岁那年，父亲就把他送到离家不远的一所私塾里去读书。一路上，父亲跟儿子说："驼儿，我们家里的人，个个目不识丁，你可知道'睁眼瞎'受人欺呀，尤其像你这样的身体条件，不能干重活，爹盼你把书读好，将来也有个好的出息。"

　　小驼儿一到学塾，先生问他叫什么名字？他回说叫唐驼儿，先生见其人，思其名，觉得不妥，问他要不要换个名字？他却摇摇头，说骆驼力气大，能吃苦，爱劳动，坚持要这个名字。小唐驼把爹在路上说的那些话牢牢地烙在自己的心里。非常勤奋好学，很得先生喜欢，读书才几年，便会写信、记账，成了村里的一名"小秀才"。特别是他所写的毛笔楷书似颜似柳，间架匀称，笔势雄健，让人看了真难以置信这字会出自

唐驼意识到要写好一本兰书，光靠自己的努力还不够，经友人介绍，径来仁和拜访艺
兰名家吴恩元先生，兰友相会，一见如故。

一个年仅十岁挂零的孩子之手。

由此他的先生喜欢更甚，特意送他一方地坪（约一尺半见方的大砖块），让他用毛笔蘸着清水在地坪上练字。哎，真是有趣，这地坪上的字一撇一捺地写完整后，让你看过就隐没了，不用抹布擦竟自己会跑走，正好接着写第二个、第三个……这颇感新鲜的方法，更激发了他练字的浓厚兴趣。从此不管寒冬酷暑，他持之以恒地临写名家法帖，不断练习不断长进。

小唐驼不但书法出众，还爱画画，邻居家是书香门第，主人极喜这孩子，常借些画谱让他去临摹，不论梅兰竹菊、山水花鸟，他都练都画，尤其是那笔力飘逸，融刚柔于一体的兰花兰草，用笔自如，忽儿顿挫，忽而疾驰，中锋侧锋信手挥去，更是妙不可言。就在这画兰的过程中，引起了他要观赏真兰花的兴趣，进而爱上了真兰花。

江苏武进这一带山上多兰，每年春天，时有山农挑兰担来卖兰，小唐驼转悠在兰担边，拿出自己积攒在紫砂罐里舍不得花的"压岁钱"买上几丛兰花，一盆盆种在自家小院里。几年之后，院子里的兰花便渐渐增多起来。只要春天一到，院子里透出阵阵芳香，引得左邻右舍进院来赏兰，有的女邻人还摘下一二朵插在自己后脑勺圆盘形的发髻上，作为一种时髦的头饰品，人走到哪香气就带到哪。

那是光绪十年（1884）的春天，十五岁的唐驼偶然路经家乡的土谷祠前，吹面不寒的杨柳春风送上一股兰香，顿时使他的精神抖擞起来，他两眼朝祠内一瞥，瞧见了祠门内两旁木栅栏里边放置着形象古朴、制作考究的几架，上面陈列着一盆盆兰花，一位须眉花白的老僧人在那里忙碌着。这老僧听得有脚步声近到自己身边，以为是施主或是香客来到，抬头一看，嗯！是个驼背的毛孩子。于是又低头顾自己的做起事来。少年轻步近到栅栏，两眼直盯着那一盆盆用黑泥种的兰花，心里想，我们家里种的都是一大把一大把，而这里所种，几乎每盆不过是三四桩草，却能开一二朵瓣形圆短而宽阔的绿色花朵。禁不住惊讶地叫出声来："哪来这么多稀奇古怪的东西？"这一叫竟让老僧听得有几分莫明其妙，他的两眼又一次注视着唐驼。

"师父，这些兰花，您是从什么地方买得的？"老僧却佯装作没听见，闭口不答。

"师父，师父，我在问您呢，这么好的兰花哪里可以买到？"老僧被问得有些不耐烦，便没好气地回了一句："小孩家懂得什么蓝花、绿花！"

"有这样的老和尚！"少年心里憋着一肚子的委屈，只好依依不舍地离开了土谷祠。

唐驼回到家里，走进小院看看自己种的兰花虽然长得茂盛，香味也与土谷祠的兰花无异，但不同的是花瓣花形，越看越觉得自己的兰花花瓣尖瘦，就像是个形像委腰的人那样，缺少的是绰约豪华之气。

他终于被土谷祠里的兰花深深地吸引过去了。只要每天一放学，第一件事便是到土谷祠里去看兰花，他近得木栅栏，小下巴正好搁在栅栏的横档上，聚精会神地看完左边的，转过身去再去看右边的，一会儿又回到左边……土谷祠门口的兰花开了半个月，他竟在这里往返徘徊了十五天。

光阴易逝，转瞬间，唐驼十八岁（1887年）了，经人介绍离开了老家，来到一家印刷厂当学徒。几年之后，他靠着自己的一支好笔头被苏州的一家商行聘去从事财务兼文书工作。此间他有了薪俸，决心要买几盆在家乡土谷祠里见到的那种花瓣短圆的兰花来种养。

俗话说："苍天不负有心人"这年春天，苏州的花街里，接连有人担着落山花来卖，这使唐驼不胜欣喜，只要见到有短圆瓣的兰花，他都会毫不吝惜倾囊倒出自己的积蓄，买来后种在自己的住处作伴自娱。这样年过一年，一二三四……数来竟有十数盆之多，兰花成了他生活的一部分，成了他的好伙伴。

光绪二十六年（1900），唐驼到了而立之年。他来到了上海，凭本事受聘在中国图书公司任职，这个公司里有位叫林景周的艺兰老前辈极喜兰花，两个人因都有嗜兰同好，所以很快就成了"忘年交"，彼此大感相见恨晚。此后两人除上工外，常常是形影不离，不管林老先生要去上海哪位兰友家，都必定带唐驼一起前往，唐驼还常常带几张署名曲人的字画，相赠给那些兰友，渐渐地与众多的兰友有了密切的交往。

当时，有位在上海颇有名气的艺兰家俞致祥老先生，看了唐驼的字画，又听人说是个兰迷，便通过林老先生传话，主动邀请唐驼到家叙谈。一席话后，尤让俞老先生喜欢上这个身残志坚、学识广博、谈笑风生的年轻人。自此他常把自己在培护管理方面的经验，对唐驼不厌其烦地言传手教，使唐驼的艺兰知识和技能有了质的飞跃，他不但掌握了鉴别荷、梅、仙等瓣的品第标准，而且还逐步悟出了兰花里蕴藏着许多的人生哲理。心境便日趋坦荡，眼界也更为开阔，从而心底里慢慢生起了写部兰书的念头来。

每到春天在兰蕙放花的日子里，他总要带上自己公司的摄影师傅去兰友家一一拍下照片，以作为日后可用的资料。兰花谢了，他又挨家挨户去兰友家求索那些刚剪下的花朵，把它们一瓶瓶浸在装有福尔马林（防腐药）药液的玻璃瓶中，作为实物标本，可以长期保存。十余年来，他积累了各种品种的兰照一百多帧，亲手制作的兰花标本也有三四十瓶之多。收集资料工作犹如爬山一般，正在一步一步慢慢地积少成多。

写书印书需要资金，唐驼除了在平日里节衣缩食外，还利用工作余暇的时候，挂出招牌，上书：

> 润资先惠，墨费不再外加，
>
> 约期取件，时日决不延误。

就这样，他靠了自己的一手好书法，纷纷招徕上海的不少人求取他的真迹墨宝，在几年的时间里，上海的商行名店，多是悬挂唐驼为其题写的名号。唐驼将所得之款，大部分加以积存，以备应时取用。

俗话说："一道篱笆三个桩，一条好汉三人帮。"唐驼意识到要写好一本兰书光靠自己的努力还不够。为此，他于自己三十九岁（1908 年）那年的初夏，经友人介绍径来仁和（杭州）拜访艺兰名家——九峰阁兰苑主人吴恩元（淳白）先生。兰友相会，一见如故，寒暄几句后便先参观兰苑，只见芦帘盖着的竹架下，一排排齐齐整整的兰盆里，栽着一丛丛油亮碧绿的兰蕙，足有四五百盆之多，真使唐驼看得钦服又羡慕。

客厅里，他们相互叙谈，十分倾心，吴恩元说："育兰经验纵然有千万条，但自己动手却是第一条。"唐驼则谦恭地说自己无经验可谈，只说看了这里的兰花，感觉茅塞顿开，真是天外有天。随即他告诉吴恩元自己想编写《兰蕙谱》的愿望，他说："许霭和写《兰蕙同心录》已那么久了，其间不少新花日渐增多，若能与先生通力合作，写出有新意的兰书来，小弟真是三生有幸。"接着又从包里拿出了自己在十余年中收集到的名兰照片。吴恩元深为客人的执着追求所感动，接连点头表示自己愿意合作和支持。

临别，两位兰友又是鞠躬又是拱手施礼，相约在沪杭两地，充分做好资料搜集工作。

三年之后，唐驼四十一岁那年（1911），满清王朝被推翻，这一年，他离开了"中国图书公司"，转到上海"文明书局"任职，工作变了，但写兰书的愿望却更加强烈了，在诸多兰友的鼎力支持下，一切准备工作都基本就绪，眼看成功在望。可是苍天偏要如此这般地捉弄人，民国四年（1915）十月间，一个小小火种竟变成为熊熊大火，把整个的"文明书局"燃成了一摊灰烬，唐驼心爱的兰花和珍藏的兰蕙照片以及那些兰花标本都尽付一炬。啊！数十年的心血和苦苦求索竟一下化为泡影。他默默无语，两眼望着烧焦了的碎瓦十椽，百般痛惜和哀伤，他无奈了、失望了。

"山重水复疑无路，柳暗花明又一村。"古诗里的话又一次得到了印证。正当唐驼万般无奈的时候，杭州传来了一个喜人的消息：九峰阁已集有许多兰照。这使唐驼听得喜上眉梢，没过几天，他就来到杭州，吴恩元见了客人脸色灰黄、精神颓丧，听了原因后，赶忙倒水泡茶，说些宽慰的话，留客人在家宽住几天，其间也诉说往昔苑中兰花被盗的情景，此刻他是位最理解唐驼心情的知心人！

两位兰友经过多次的商量和斟酌，困难促使两人的决心变得更加坚定，从此凝聚于唐驼心中的乌云重又拨开，慢慢变得晴朗起来，辞别前他们互相商定，书名为《兰蕙小史》，由吴恩元执笔编撰，唐驼则负责校订及联系在上海出版印刷等事宜。

民国十二年（1923），《兰蕙小史》癸亥集分三卷正式出版，它的新意体现在正如作者在书中说的那样："兰蕙旧传名种，袁忆江《兰蕙谱》所载甚详，惜无花样留传，徒增感想。许霁楼之《兰蕙同心录》虽有花样勾勒，难识本真。编校者费十数年心力，征集新旧著名兰蕙小影百数十种，特别精美铜版，附印于后，俾同好诸君，以资参考……"所有照片虽是黑白，但形象清晰逼真，在全世界都无彩色照的那个时代里，无疑是最先进最考究的。两位兰友不仅耗去巨资更耗去了他们几十年的心血，吴恩元时年五十六岁，唐驼也已五十三岁了。

《兰蕙小史》一问世，即刻轰动了当时的兰界，人人都争相传阅，以自己能先睹为快。至于后人，更是把它作为一种无价之宝加以珍藏。人们喜爱《兰蕙小史》，更尊敬和赞扬那呕心沥血为编撰、校订此书作过莫大付出的两位艺兰先辈，他们的精神还将被一代代的养兰人传颂下去。

（本文素材采自《兰蕙小史》《兰苑记事》等）

三十七

人生路六子潇洒走
得异品侄儿莳探幽
——春兰新花名品'探幽'的故事

离古城衢州数十公里的阙里，是称为关公山的一片山区，它方圆百里，群山环抱，林木常青，翠竹成片。远眺烟雾中的关公山，最先映入眼帘的是一个叫"大门里"的村落，它背靠关公山，面临乌溪江（钱塘江上游），以耕作为主业的几十户人家，聚居在这个典型的江南村落里，可谓民风纯朴的安居乐业之地。

话说民国时期大门里村里有家张姓大户，祖上曾经营山货和官盐，家业甚大，不但有山有田无数，还在衢城开有好几爿米行和染坊，真可谓是富甲一方。到了民国后期时，张家有三男三女，上面的两个儿子都已立业成家，三个女儿也先后出嫁，唯独这聪明过人的小六子只爱琴棋书画和那些花花草草，却就是不爱学做生意，他每天除了读书之外，一有空就往山上跑，去寻找心爱的兰花或抓几只喜欢的小鸟，不免常常要受到他父亲的训诫。张小六平素为人厚道，没有少爷架子，喜欢和穷孩子们去玩，有时还瞒着父亲，拿钱接济那些生活困难的左邻右舍。随着岁月的增长，到了已婚年龄的张小六却不思女孩，成天只知上山去抓鸟觅兰，父亲见了实在头痛，为此曾数次向算命先生讨教办法，算命先生说："最好的办法是尽早给他完婚，婚后孩子自然就会变好。"不久托人

探

幽

说媒成功，姑娘系衢州城南千塘畈洪姓财主家的大千金。至于成婚之时的那热闹场面，自然是不必细说，单说从城里请来的大戏班在村里就足足地唱了三天三夜。新媳妇不但貌美，且很会体贴丈夫，小俩口一起奕棋、对课、逗鸟、赏花，令公婆为之惊异的是婚后尚未满月的儿媳就跟她丈夫牵着手上山去玩。他们感叹地说："真是一个馒头一块糕，搭好的料，全是缘分呐！"

人们常说："人生多舛，好景难久。"时到 1949 年开春以来，向南挺进的解放大军捷报频传，正节节取得胜利，消息传到衢州，令那些大资本家、大地主们颇为恐慌。张家的人也立刻打点细软，准备即日逃离衢州去国外谋生。在逃离之时，父亲要新婚不到两年的张小六夫妻俩和他们一起同行，不料却遭张小六拒绝。他认为自己反正没有做过坏事，邻里关系又好，今后不管谁坐天下，都是与己无关的事。他热爱家乡，离不开养育他成长的大门里那山山水水。不久村里传来要打仗的消息，为了躲避打仗，他跟妻子一道躲进了深山农家，直到半年之后才敢重回大门里。

这一走就是足足半年，眼前一切竟都变了：村里的人们正敲锣打鼓扭秧歌、欢天喜地庆祝翻身解放。不久又进行了土地改革，张家理所当然地被划为地主，张小六家的山、田地和房屋都分给了穷苦农民，他心里却毫不在乎，反倒轻松地说："你们都拿去好了。"尽管他思想表现得开明，也没有直接参与过剥削，但根据政府土改政策，这顶地主帽子还是少不了要戴的。就这样，张小六和妻子被长期安排到深山里做守林护林的工作，让他们从中得到改造。这倒也好，他本是个喜欢大山的人，让他生活在大山里，反而觉得自由自在，日子并不感到有多大难过。夫妻俩同甘共苦，相依为命，他们接起毛竹管，引高处之水来作生活用水，晚上点起松明作灯，大白天里就去采些野果、挖些竹笋、种甘薯、播玉米，还养些鸡鸭。当然也会不断捎带些好的兰花来种在住处周围。冬去春来，兰花开了又谢、谢了又开，夫妻俩一年又一年艰苦地生活着，始终乐观面对人生，他们靠着自己的双手，靠着智慧和勤劳，逐渐把自己改造成能自食其力的劳动者。随着两个儿子逐渐长大，也能帮着干活了，

张小六告诉侄子，自己一生所爱只有二物，自己曾亨尽了大自然的乐趣，要侄子好好
看看栽在大枫树下的那桶兰花。

张小六这一家生活自然也慢慢地好了起来。他们还在住处周围种上柚子、橘子、生梨、山楂、板栗、石榴等许多果树,树上鸟雀叽喳,树下兰蕙放香,心血来潮时张小六还拉拉二胡、吹吹洞箫,真有一番田园生活的乐趣!在随后的日子里,他们虽然又经历了许多可想而知的、十分严酷的风风雨雨,但总算都熬过来了。等到粉碎"四人帮",再到改革开放和落实政策之时,张小六已经变成了花甲之年的老者,连孙辈人都有了。他常对人说,小鸟和兰花是他一生中最亲密的朋友,听听鸟叫,能使自己心中快乐,感到活着总会有希望;闻闻兰香,能使自己忘却忧愁,感到人生路途总不会尽绝。

"人生易老,青天难老。"这句古人古话毕竟是自然规律!时光转瞬间二十年又过去了,眼前已是 2002 年的春天,春兰、蕙兰的旺花期也随即来到,耄耋之年的张小六身体多病、日衰,海外的那些亲人纷纷来到家乡探亲,要与他见上最后的一面。有位住在衢化的小姨子也去看望他,他要小姨子带个口信给她儿子郑黎明"尽速来家,有要事交代。"在几个侄子中,郑黎明是姨父小六子最为喜爱的,主要原因是这侄子也爱鸟爱兰,与自己兴趣爱好相投,十多年前这位侄子就曾多次带兰友来姨父家乡一带的大山里觅过兰,一句话:彼此有共同爱好。

过了两天,正好是双休日,侄子郑黎明翻山越岭来到姨父家,张小六告诉侄子:自己一生所爱的就是兰花和小鸟,为了寻找它们,自己曾漫山遍野地跑过无数遍,享尽了探幽大自然的无限乐趣。说完话,他起身拄着拐杖带侄子来到一棵大枫树下,要侄子好好看看种在旧缸盆里正在放花的春兰。郑黎明俯身细看此花特征:叶形弯垂秀巧,质地厚糯润泽,花色翠绿鲜靓;外三瓣收根结圆,头有尖锋;中宫内蕴幽深,挖耳小捧圆整光洁;大圆舌不翻卷,上面玫瑰红斑非长非圆,与众不同,恰似两个孩童在说悄悄话,引人深思;整花一字平肩,如"判官帽"左右的两个挑子,是标准荷型水仙中的珍品。这时郑黎明站起身来凝视着枫树下的姨父,清晰可见他整个脸庞骨点鼓突,肤色黧黑,皱纹纵横,须发银白,这饱经风霜的形象仿佛是用石头雕琢而成的。

回到屋里,张小六向郑黎明简介采这兰花的经过:"在那关公山瀑布挂落的岗上，有一条狭长的河谷，十分清幽，崖底水下有娃娃鱼，崖壁枯树桩上常长有灵芝，就连红羽毛的锦鸡，长尾巴的蓝鹊等珍禽都在那里见到过。此兰就是十多年前在那里所觅得，已经有好几年没有上花了。"张小六接着又说："我觉得此花开出的样子与众不同，可能是棵好花，种死了怪可惜的。今天我把它交给你，希望你一定要种好它，以后姨父不在了，你就把它当作是姨父，那我们不就成了天天见面，永远在一起的朋友了！"

不久，张小六真的走了，他永远不再回来。这盆象征着姨父无限生命的兰花，在他的侄子郑黎明的呵护下已多次复花，它珍贵的身价在侄子与兰友的共同审美中得到肯定。一位名叫石三的资深兰友为它取名"探幽"，因为此花从神韵而言：白色大圆舌形如瀑布泻落，高高的双捧又如山岩深谷；再审视此花的中宫，就像那关公山幽深莫测的河谷一样，仿佛让人觉得在花的深处还藏有什么秘密的内蕴，余意未尽，留有令人去想象、追寻的空间。

啊，张小六！你一生探幽大山，一生探幽花鸟，同时也在岁月的长河里探幽了你自己酸甜苦辣的整个人生！

（本故事素材由郑黎明提供）

三十八

香炉峰佛地幽藏兰
姒老人采药得蝴蝶

——春兰新花名品'佛蝶'的故事

绍兴城中贯穿南北的解放路，与东西向的府山横街呈"丁"字形的交接之处，古来就被称作"轩亭口"。这里是清末时期巾帼英雄秋瑾英勇就义、血洒黎明的地方。向来商事繁华、人群密集。每年初春之时，人们常可见到一位驼背弯腰的老人吃力地挑着草药担，然后停歇在轩亭口，等着有人来买他自采的草药。民间草药不但价格便宜，而且效果相当灵验奇好，有人咳嗽得厉害，只要到这草药担来花上几毛钱买回一些"望江南子"，回家煎汤喝上几次即可治愈。真应了"草药一剂，气死名医"这句俗话！

驼背老人姓姒，如果排起祖宗三代来，他还是夏禹的后人。多年来人们只知他的姓，却从来没人知道他的名字，不论大人小孩都是一个称呼——老姒。谁家有人生病了，就会想到去老姒那里搞点草药吃吃。老姒家在城南一个离城约三公里叫"庙下"的村里，他虽是个农民，但他好学又肯吃苦，年轻时就学会了到山上采草药去城里卖些钱，赖以补贴家里经济开支的不足。

庙下村是个靠山的村庄，名胜古迹很多，这里筑有肃穆的大禹陵，有仿金銮殿规模的宏伟建筑禹庙，庙内有座高约十五六尺的大禹塑像气

佛
蝶

宇轩昂地屹立殿中，来瞻仰和缅怀大禹的人络绎不绝，范围遍及五大洲。

从大禹陵的后山向上走，山势便急剧升高，这便是方圆有数百里开阔、海拔有千米以上、被称为绍兴第一高峰的"香炉峰"山，自然景色极为秀美。晴朗无云的天气里，人站在峰顶用望远镜向北瞭望，依稀可以看到钱塘江和杭州湾。有时还可见到山上下雨、山下出太阳这种奇特的自然景观。山上建有观音殿，是绍兴有名的佛地胜境，不少七八十岁的老人都以能登上香炉峰，拜一拜这里的观世音菩萨、求一张大吉签，视为自己一生中的心愿和幸事，尤其是从新加坡、印尼归国的侨胞和香港同胞回绍的必到之地。

香炉峰山里多陡峭的悬崖和如削的岩壁，"瘦牛背""千人坑"和"陡鸭子"等都是山势极为险要之处，各种植物因温差和湿度的变化而表现出垂直分布的特点，这里生长的草药不但品种多、数量多，而且由于生长的年岁长，药效更为显著。姒老人把自己的一生投给了这座万山，他熟悉山里的一草一木，譬如哪些草药长在何处？他都了如指掌。由于平日里在采草药时也会有好兰花意外地相遇，所以在他的草药担里不时会挂上几株兰花草，顺便可附带着卖些钱。他虽是以采草药为主，但由于多年对兰的接触，渐渐懂得了兰，掌握了看花苞识别品种的基本方法，那些采下山来挂在草药担的兰，别看只有少量几株，可都是经过姒老人筛选的，最最起码的一点，那就是他从不卖行花，而且卖的一定是下山新品。十多年来，知名兰家陈德初先生所选出的水仙新品'炉峰第一仙'和'友谊蕊蝶'，就是在老人的草药担里所得。至今时日虽然已经过去了几十年，但陈先生每回上街去路过轩亭口时，仍都会不由自主地扫视一下姒老人曾经放过草药担的那个旮旯，仿佛这个驼着背、弯着腰、挑着草药担的姒老人还在那里跟他打招呼似的。

陈先生在买兰和选兰的过程中与老人结下了深深的情谊，以致在几十年后，仍不免常常回忆起在轩亭口向老人买兰花，以及听他介绍香炉峰山上采到好兰花的喜悦情景，心中油然生起对老人的怀念之情，啊！不知姒老人今天是否还仍健在？一次偶然的机会，与庙下村的一位也有数年未曾见面的朋友在绍兴兰花街相遇，当他们谈起香炉峰山里历来多

　　几位兰友终于见到了妪老人，现今他已眼花耳聋……看去不只老了许多，连背脊也已弯成了九十度角，当一提起兰来，他便乐不可支。

有新花下山的话题之时，自然要问及姒老人的近况，知道他已年逾九十，尚在世间，但再也无力上香炉峰山去采草药，当然也就无兰可卖了。但同时又了解到老人还有自采的好兰莳养在家里。这消息引起了陈先生和几位朋友的兴趣，大家商定要去庙下村看姒老人和他所莳的兰花。

2005 年秋的一天，陈先生和几位兰友相约去庙下村，经过好一番寻找之后终于见到了姒老人本人，现今的他已眼花耳聋，互相交流起来语言有些困难，但说起话来口齿还算清楚，思维也较清晰，看去不只是脸上老了许多，连脊背也已经弯成了九十度角。当陈先生跟他叙旧，共同回忆几十年前在轩亭口草药担里向他买兰的往事时，他便乐不可支起来。再去看他所莳的兰，却因缺乏管理而已经到了奄奄一息的程度。他指着其中一盆兰告诉客人，这是春兰蝴蝶品种，采来时带着花，自己又种了好些年，曾几次复过花。陈先生细看其叶，形细长斜立，端部弯弧，叶沟呈深凹的沿流沟形，虽已仅存两苗壮草和一苗残草，却好在有一个弯牛角形花苞，肚子已经鼓出，五彩壳里层之色深于外层，沙晕浓密，稀疏的筋纹自基部直到尖端，根据这些特征分析，"蝴蝶"应该不假，只是不知它属何种形式。老人告诉大家：此花是他七十大寿那年，因一位癌症病人需一种难觅的特殊草药，而特地到香炉峰的千人坑岩壁处挖草药时所得到。提起这千人坑，到过香炉峰的人都知道那是高几百丈的峭壁，别说一个 70 岁的老人下去采草药，就是年轻人站在上面向下望望，心跳都会加速。陈先生跷起大拇指在他眼前晃动几下，表示对他的夸赞。心里不光是佩服姒老人的攀登技巧，更佩服他有如此之大的胆量和勇气，毕竟已是古稀之年了啊！临别时，姒老人执意要把这盆蝴蝶送给大家留作纪念。这可怎么敢当？陈先生再三向他表示："一定要付钱的"。双方经一番推让之后，姒老人才收下了几百元钱。

2007 年春节过后，天气渐显暖意，姒老人所赠的"蝴蝶"逐渐抽长了花莛。又过了个把星期便放了花，此花莛高 10 厘米左右，三萼质地厚糯，侧萼平伸，从中部开始向左右斜伸，但不后翻，且具有动感和力度感，非常酷似蝴蝶向上奋飞。较为短阔的侧萼，唇化面积占三分之二左右，连两边端部也有唇化，底板色彩黄白兼有，红点鲜丽，特大圆舌，为蝶瓣花中之少见。朋友先后前来看花，认为此花出身于佛地胜境香炉峰，就给它取名为"佛蝶"，欲能将故事蕴寓其中。

　　看到'佛蝶'开花，陈德初又一次想起姒老人来，老人曾经告诉陈先生，过去自己曾遇到过许多好兰花。什么地方有素心花，什么地方有圆头梅（梅瓣），什么地方以蝴蝶较多见……后来陈先生带着朋友多次去香炉峰山，并按老人所指的地域范围曾数次寻觅，可惜这香炉峰山范围太大，虽然它孕育有许多好兰，却实在让人难以求取，只留给人们一个不断的向往，一个永久的悬念！而这位弯腰驼背，肩上挑着草药担，步履蹒跚的姒老人如此鲜活的形象却永远定格在陈先生和那些兰友的心里，还定然会不断被后人所陈述。

（本文素材由陈德初提供）

三十九

甥舅俩舟山得绝品
知足素俗中显珍贵

——春兰新花珍品'知足素梅'的故事

　　一个名称'知足素梅'的春兰品种，曾使多少的爱兰人如痴如醉，苦苦追求不息，它的身价从几百元长到数千元，又从一万元飙升至数万元。你想知道它的一些底细吗？

　　话说 20 世纪 80 年代以来，随着国家经济建设的不断壮大，兰花行业无论是内销还是出口，都显出它的活力，发展的势头如海面上旭日初升，前景灿烂。不少兰友得知舟山群岛上发现有梅、荷、水仙、素心、蝴蝶等新花的消息，不禁人心振奋。没过几天，许多人就蜂拥来到舟山，这支采兰大军几乎踏遍了所有大大小小的岛屿，为的是寻觅兰花，以求速富。

　　在绍兴漓渚的兰亭乡古筑村里有位叫徐泉林的兰农，他中等个，端方脸，身体结实，生性开朗，四十出头，正是人生最为成熟的年华。泉林的家乡就住在兰渚山脚下，童年时曾给生产队放牛，他最喜欢把牛牵到青草肥嫩的兰渚山上去。几个牧牛娃在兰渚山上捉迷藏、摘野果，还一起认识兰花和采觅兰花，就是在这样的不知不觉中，使他逐渐懂得了选择兰花的一些标准和栽培方法。长大成年以后，又正逢改革开放的盛世。他满怀一腔对兰的热忱，深信凭借自己的毅力和鉴别水平能够寻得

知足素梅

好花,只要一听到哪里出了好花他就会不辞辛苦地赶往那里。

眼前时已冬至,他看到早些天去舟山觅到了佳兰的几位同村人都已经陆续返家,他们早把那些寻得的佳兰换成了一叠叠钞票,现在他们正准备要去第二趟!泉林知道这消息后,心头不免暗暗羡慕,他与妻子商量一番之后,决定邀请妻子的娘舅胡志全立即结伴同行。

他们一到定海,匆匆安顿好住处,又到街上买了一些糕饼等干粮,第二天便来到硖门一带山上寻觅起兰花来,可是经过几天寻找,在这些山里不仅没有发现一棵好花,就连普通的行花相遇得也非常稀少,大概是先前已有人来过这里,眼前可见一堆堆曾用锄头翻起的泥土。舅父胡和全对外甥女婿说:"这山上早有人梳头一样梳过了,我们跟在他们的屁股后面,还能找到什么好的?"说句实在话,这种想法泉林的心里何尝没有产生过!可是他认为觅兰是件极富于耐心的事,最怕的是情绪浮躁,如果带着这种急于求成的心情去寻找兰花,即使眼前有好花也可能会被放过。泉林跟舅舅说:"山这么大,好花兴许还有,这里没有那里会有,东方不亮西方亮嘛!而且人与兰是有缘分的,常常有前面的人没发现却被后面的人所发现的事实,说明了这花本来要给谁的就该是谁所得。"话虽这么说可是整整过去了十几天,他们接连爬了硖门一带许多的高山,却仍是一无所获。眼看小寒已过,只剩下一年中的最后一个节气了!

说来事有凑巧,正是在1994年农历大寒这一天,他们在定海硖门深山里一段山间小路的转弯路口,发现了一大丛素心春兰,估计约有三四十苗之多,草形半垂,颜色比别的兰显得鲜嫩,株高均在30厘米以下,看去非常秀巧,但由于离春天放花时日尚早,花苞显得斯文、瘦小,全绿苞壳上缺少好花沙晕的特征。徐泉林对娘舅说:"这草长在路边多么显眼!它能留到今天,可能就因为没有好的'卖相'(即外表特征),致使前面与它相遇的人错把它当成是一般的行花了。其实这花有那么嫩绿秀丽的苞壳,起码是块素心的,还是能值点钱的。"又因这么长的一段时间里没有觅得过好花,真如人口渴时一见到水就想喝那样,出于这几多想法,他们挖起了这丛素心兰,把它带回到住处。

徐泉林说:"这草长在路边多么显眼,它能留到今天可能是没有好的实相,致使前面的人错把它当成是一般的行花……他们挖起了这块素心兰,把它带走了。

　　由于他们的细心和耐心，在随后的日子里各自都有春兰、蕙兰的"蝴蝶"觅得，收获颇多。对于这丛"普通"素心兰，两人当然就更不会看好它了，尤其在经济价值方面，两人更不寄予它有多大的希望。一直要到回家之后，徐泉林才想到这块草是自己与娘舅两人所共同发现的，所以他把草平分作两块，一块分给娘舅，由娘舅去自作处理；另一块留着自己种植，他要先看看开花的情况然后再考虑出卖。

　　却说娘舅胡和全早把其余采得的佳花卖了好价钱，他对分得的这二十来桩素心春兰新花，心里存在的仍是固有看法，只当作是一般的素心品种，认为不会有多大的出息，没有兴趣去莳养它，他想如果遇有人要买，不如换几个现钱来得实惠。那么这收购者会是谁呢？他就是绍兴漓渚当地一位资深的兰家前辈诸利木师傅，当时买卖这草时双方只当作是一般素心品种，所以在价格上当然是特别便宜，他便一股脑儿"统吃"了下来。令人没有想到的是这位资深兰家，竟也有失眼的时候，原来他也认为此花的苞壳不起眼，因而没有引起他足够的重视，缺少了细心精审这一关，只是把草分成数块——上盆之后，放在家里莳养罢了。

　　1995年春天，江苏宜兴有养兰人到漓渚诸利木家里来选购兰花，一位施姓兰友看到了栽在盆中的下山素心春兰，他就以不贵的价格买走了数苗带有两个花苞的壮草，后来随着气温的日趋暖和，宜兴施家兰园里奇迹随之发生了。原来是施姓兰友养着的那盆不久前才从绍兴引种的新花素心兰开了，只见它花莛高高，三萼脚虽稍长些却明显具有着根结圆的特征，二侧萼为平肩，有素雅大方的形象，分窠的软蚕蛾捧雄性化合适，给人以文静脱俗之美，白色的大如意舌，显出清秀高洁的大气。整体赏评该花是各部结构和谐，比例匀称合理，色彩洁净无瑕，神韵高雅卓绝，称得上是古往今来未曾有过的君子之花。消息传开，上门来看花的兰友应接不暇，他们在一番惊喜之后，感慨万千：有人说："梅瓣好品种虽很多但从没见过真素心的。"有人说："'月佩素''蔡仙素''杨氏荷素'虽都是好素花却不是梅的。"也有人反驳："'玉梅素'和'白舌玉梅'不也是素梅？"立刻又有人纠正说："那都是'桃腮''艳口'，算不上是真正的素心之品，只有这新花才名副其实！"……经大家一番赞美和一番评说，施姓兰友为该花取名'施氏新梅'。事情本可到此结束，不料却引出新的麻烦事来。

原来上施家来看'施氏新梅'的这些人中，大多数都是施的好朋友，他们观赏了这新梅绝品犹如吃了美食，来了胃口、上了瘾，要求施姓兰友当即分苗，想引去栽培的人不少于五十人之多，并表示愿出高价，这可真难煞了施姓兰友。当日中午，施姓兰友联系好小车，专程再火速赶去绍兴滴渚，要求兰家前辈诸利木答应将所植这素心新花全部卖给他。诸老看到客人那样着急的心态和说话表达的迫切情绪，一下就敏感到其中必有蹊跷，尽管施姓兰友左说右说，他已是王八吃了秤砣——铁了心，坚决谢绝，拒不出让。客人大失所望，无奈只好空手返回宜兴。

等到客人一走，诸利木摘个花苞，小心地层层剥开苞壳细看，真是不看不知道，一看添懊恼！这花不仅是全素，且明显可见二捧上鼓突着浅黄色的雄性化肉疙瘩，他一时竟激动得说不出话来，只是一个劲地点头笑着，似有几分突然痴癫的样子。待得缓过劲来，他对孙子说了这样一句意味深长的话："古来无人得过春兰素梅，又不知后世何时再有人得到素梅？"想起自己一下竟贱价卖掉了这么多，实在后悔莫及，心中深感惋惜。

不久以后湖州有位名叫王阿海的兰友从绍兴兰亭乡徐泉林那里也引去了这素心梅瓣新品，由于莳养耐心、得法，数年便发草起花。他邀请当地的艺兰前辈冯如梅先生去观赏品评。冯老见其花是白梗浅绿瓣，高耸于兰草之上；端庄对称的三萼端部内翻，紧边起兜；中宫一对分窠的蚕蛾软捧似抱似放，相依相对；捧的下部隙间伸出一个净白的唇瓣，宛如玉石般莹洁。整花净绿如玮，娇媚含情，风姿优美无比，神韵深邃独冠。冯老悄立花前，静思良久，他在倾听着花的语言，用自己的心与花交流着情感。想起了自己的养兰人生，论自己所莳、所见的花，该是何其之多！唯独如此素梅却是生平首次所见。得此花者真是三生有幸！不禁心中赞叹起造物主的巨大能力！不一会，他头脑里构思成两句赞美此花的词句："世上难有真素梅，能得此花心知足。"从此该花得名"知足素梅"，扬名海内外的兰界。

1997 年春天，'知足素梅'首次在杭州举办的全国兰博会上正式展出，一举夺得金奖。它吸引了国内外多少的爱兰人，为了拥有它而不惜抛掷重金！直到今天，养兰人还是以自己的兰苑里能拥有'知足素梅'而自豪，'知足素梅'已成了兰花爱好者共同的梦想和追求。

（本文素材由金振创提供）

四十

花鼓缸催兰蕊竞发
兰乡人借巧手看兰

——绍兴民间兰事活动的故事

　　江浙一带兰界里有句老辈人传下来的话，说是"中国春兰出绍兴，绍兴春兰出涅渚，涅渚春兰出棠棣。"乍听这话，似乎给人有点夸张的感觉，但回溯历史，有许许多多的名种和珍种真正的发现人，采集人到底是谁？十有六七确实是那里的人，这是无可否认的历史事实。

　　几百年来，棠棣一代代的兰农为了觅兰，曾踏遍了江浙鄂豫皖一带的无数青山大川。那险峻的丛岭幽谷和荒岛野林里，处处都留有绍兴人的串串足迹。'宋梅''环球荷鼎''翠盖荷''宪梅''玉梅''翠桃''龙字''方字''荣祥梅''汤梅''桂圆梅''鹦哥梅''刘梅''庆华梅''涵碧梅'等一大批国兰名品，无一不是他们苦苦寻觅和付出过辛勤的结晶。棠棣是个有高山也有平川的半山区村庄，山上林木蔽日，冬温夏凉，气候宜人，处处适合兰花及其他花木的生长。八个自然村里，历来是田少山多，所以当地农民除了务农之外便以到山上去采觅兰花，然后挑到一些大城市里去出卖，作为一种不要本钱的副业收入。"要致富，兰花助；想财旺，兰花帮。"当地的民谚不正是道出了兰乡人曾经走出过的那条靠兰花致富的路？就像西欧的那个瑞士国度里，千家万户几乎都靠加工手表零件那样，这兰乡棠棣的几百户人家，向来就有采兰、卖兰和养兰的传统。一些小孩子刚学会说话，就唱着"一把锄头一只箩，走到山里掘兰花；兰花香，兰花美，元宝骨碌碌滚进来。"的儿童歌谣。

每当春节期间，村里人就忙着准备干粮、整理衣物。过完了春节之后，男人们便各自带上有能力上山的一家人到会稽山、四明山、天目山、雁荡山乃至湖北、河南等外省那些人迹罕至的深山老林里去漫山遍野地采挖兰花，饿了吃些干粮，渴了捧几口泉水，有时还得在山洞里过上几夜。尽管生活那么艰苦，可谁都知道自己心里的"梦"，有朝一日如果拣到了好兰花，那就实实在在地梦想成真了。

因为兰花行情好，可赚上大钱，所以慢慢的就有人除了采兰、卖兰外，还在自家的屋前屋后或院子里养起了自己采得的，或者与别人交换来的那些细花和异花品种，经自己培育数年，繁殖得桩数多些之后，便分扯出一部分送到上海、无锡等地方去卖个大价钱。有人更是瞄准了这一闪光点，搞起了较大规模的经营，仅靠自己原本采觅和种养这一丁点兰花，已不能满足日益增加的兰源需求量了。他们主要得依靠收购别人采来的兰花，经过自己催花之后拣挑出不同档次的兰花，再按不同的价格出卖，从此他们成了具有一定规模的兰花专业经营人。

选花的过程犹如筛米那样，有许多关关道道。首先是采兰人自己，他在山上觅兰时，发现有异常花、异常草、异常芽时，就会把它们拣出来放到自己所带的那只专门放"好货"的麻袋里，以便日后回家去自己养植，绝不肯轻易出卖。其次是兰客，他从那些上山觅兰的山农手里低价买回来一麻袋一麻袋带花苞的下山兰，洗净兰根上附着的泥土，稍作整理，晾干后就准备催花。先是把水注入事先准备好的"花鼓缸"里约到二三寸高，然后在水上面架个木制或竹编的专用架子，接着将兰花根朝缸壁、叶向中间，齐齐整整呈放射状铺一层在架子上，再用同样方法铺第二层、第三层……一直铺到接近缸口为止，最后盖上用稻草盘扎成的缸盖。装满一缸后再装第二缸，这是第一道工序。

第二道工序是扛来几块毛齿石头搭个简易灶，再把装好兰花的花鼓缸搁到灶上，这样就可以点起柴火把花鼓缸当作一口大锅来烧。当然烧火催花的人，必须是十分有经验的"老手"，随着烧火时间的增多，缸内的水

四十、花鼓缸催兰蕊竞发　兰乡人借巧手看兰

渐渐受热，热气慢慢向上升腾，这时烧火人常会把手伸进缸内，全凭自己的感觉，判断出缸里边的温度是否适宜，从而作出再烧或停烧的决定。停火约一个时辰之后，再要数次伸手进缸里以探知里边的温度，如感到温度不够高，那就得生火再烧，如此这般一个时辰又一个时辰地作多次检查，停停烧烧，烧烧停停，时间要持续三个昼夜才能完全熄火。停火后也不能马上揭开缸盖，还得让兰花在缸里舒服地躺上七八天。缸里面的兰花有了适宜的温度和湿度，误以为是春暖花开的时节了，它们从休眠中苏醒过来，迅速伸长了花莛，脱开了苞衣，露出了脸蛋，放出了馨香，可它们哪会知道这是人为它们设下的一个"大骗局"。七八天过去了，缸内的兰花全都开了花，兰客将它们取出来，便可以从从容容一株株地看花形进行鉴别和挑选，很容易区分出细花和行花来。用这种方法，往往能拣出由于采兰人的失眼或缺乏经验而错把"好兰品"放在一般的"大路货"里头的，往往能选出比采兰人自己所留的还要好得多的新品和异品。

经过这样细细地看花拣选后，所剩下不合格的兰花再被兰客装进竹篓或麻袋里，起运到杭州、上海、南京、苏州、无锡等地，作为下山兰花出卖。倘若有人想要在这样的地摊上再拣出好花来，恐怕连万分之一的希望都不会有了！

土生土长的兰农，能研究出这样一整套催花和选花的本领，并且能积累到如此完善的地步，其间是经过了六七代行家里手的传教，以及他们不断琢磨和多次尝试后才取得的成功。

听完了这些往事，不禁使人对兰乡人的聪明睿智赞叹不已。可这还算不得什么，更让人真正叫绝的那要算是以手"看"兰了。

相传在辛亥革命胜利后的第一个春节，曾统治中国达267年之久的满清皇朝终于被孙中山领导的武装力量所推翻。兰乡人也和全国人民一样无比的欢欣鼓舞，当时又适逢过年，整个山村子沉浸在一片热闹的节日气氛之中。这时候村里有一些对兰花活动十分热心的人，发起了一个以手"看"兰的比赛活动。各村派代表经过一番商议后，便在村头的一块空地上摆起几张八仙桌，上面摆放着十几盆品种各不相同的兰花。按照事先所约定的时间和地点，八个自然村里各推选出数名

当时适逢过年，整个村子沉浸在一片热闹的节日气氛之中，村里有一些兰花活动的热心人发起了一个"以手看兰"的比赛活动。

经验丰富的行家高手，敲锣打鼓地送他们来参加用手"看"兰比赛。

　　比赛活动开始了，"中间人"（公证人）拿块黑色围巾蒙住第一参赛人的眼睛，先咕噜噜地拉着他转悠上几圈，直弄得他有些蒙头转向了，然后领着他来到放兰花的桌边，要他用手摸摸兰叶子。参赛人要根据兰叶的短粗、高矮，叶凹的深浅、叶质的厚薄软硬，以及叶边锯齿的疏密等特点，一一地说出兰花各自的名称，而且还有时间的限制，由另一位"中间人"（即主持人）按数序从一开始喊完十后，不管错错对对，被蒙住眼的参赛人必须将兰花的名字说出来，不得拖延时间，这样一直摸到最后一盆为止。"中间人"解开第一个选手的黑布围巾再把围巾蒙在第二名选手的双眼上，照同样方法一个一个按次序进行，每换一个人，"中间人"都要将各盆兰花的原放位置稍作移动和调换。

　　用手"看"兰这种本领，不是什么特异功能，也不是什么未卜先知，而是兰农们长期与兰打交道的实践中所积累起的实实在在的经验。那些本领最好的可以把兰花名称一个不误地一一叫出来。如'大富贵'是环状阔叶，糯而有厚实感，叶缘无锯齿；'翠盖荷'则叶形矮短，质糯而有刚性，且叶尖有匙状凹陷；'宋梅'是环状叶，脉深尖钝，质厚肌糯；'西神梅'叶细长、脉络深陷，且有明显整齐而均匀的锯齿，其他任何一个品种都没有像它这样具有规律；'十圆'的叶硬而厚实，一株里看边叶较宽，心叶较细，叶形斜弯、叶尖较钝，有光滑感；'绿云'兰叶短矮，常有扭曲，婀娜多姿；'汪字'叶质硬厚，叶势斜出挺拔，刚直不阿，有正人君子之风度；'冠姚梅'叶片弯弧，秀巧多姿，具妙龄少女之风韵……比赛中还有一个规定，那就是参赛人对每个品种只能报一次名称，有人若对同一盆兰花说过了一个兰名，后来却又要改说另一个的话，则认为是有赖皮之嫌，一概不予承认。

　　比赛场上，人们的笑声不断、掌声不绝。待到最后一位选手扯下蒙眼的黑围巾时，以手"看"兰的活动便暂告一个段落。"中间人"立即当场宣布每个人"看"对的盆数和相应的名次。全"看"对的称"兰花状元"，第二名称"会元"，第三名称"解元"其余的统称为"兰花秀才"。

　　按最初商定：选手获"状元"称号的，村里可以不出钱，获其余称号的，村里一律要出款出物，凑合一起办上几桌酒席，让所有的参赛者和发起人都能高高兴兴地吃上一顿，按今天的时髦话，那就叫"趴"或文人古称的"雅集"。

酒席宴上，有人谈些听到的或看到的趣事和见闻，也有人谈自己亲身经历的那些惊心动魄或愉悦跌宕的觅兰经历，不时会有人自告奋勇地出来串些余兴节目，能唱绍兴大班戏的就出来唱段："我叫包兴送寿礼，此刻还未回家门……"高亢浑厚的声音直向你耳鼓飞来；会点功夫的壮汉出来了，他伸出一只手一捋袖管"哎嘿"咳嗽一声，用自己的拇指与中指夹起一个空酒坛高高举起来再倏地抛向空中，又用自己的头把这酒坛顶住，然后让这坛子在头上骨碌碌地转圈，美称为"天王托塔"。有个小伙子抓来一条长凳子，他将自己的身子蜷曲着，慢慢钻到凳下，再从另一侧翻上来，凳子竟纹丝不动。人家问他这功夫叫什么？他说："就叫'蛟龙翻空'吧。"又出来一瘦一胖的两个中年人，他们相对站在长凳的两端，各自伸出一个中指（不准用整手帮忙）然后慢慢抬起这长凳，两人所使出的平生之力，要运送到各自的一只指头上，将凳子勾往自己这一边来的为胜者。有人又问："这叫什么功夫？"两位壮年人只会表演，却一时说不上叫什么好。一位红脸的老者笑说："就叫做'二龙抢珠'呗！"这里的人们笑声还没有止，那里又响起了掌声，原来是观众中走出一个人来，他系紧一下腰带，一个"虎跳"打出去，身子倒立着以手代脚走起来，他沿着八仙桌整整"走"了一圈。人家又问："这叫什么功夫？"他不假思索地回答"你说像啥就像啥吧！"还是那位红脸老者来说："这不是'倒挂金钟'吗。"人们围着看着，一个个喜笑颜开，喝彩声此起彼伏、连绵不绝……

夜幕徐徐降临了，一年一度以手"看"兰的兰花民间活动就这样降下了帷幕。人们互相恭祝："新年里风调雨顺""挖兰花准会捧出只大元宝来"。

几天之后，兰乡几百人的一支采兰大军又将奔赴东西南北。他们要在这新年新岁里去实现新的"致富梦"。

（本文素材由陈德初口述）

280